U0131444

# 自然酒

從 **有機農法、自然動力法**
到最純粹天然的 **葡萄酒世界**

AN INTRODUCTION TO **ORGANIC** AND **BIODYNAMIC** WINES
MADE **NATURALLY**

# 自然酒

從 **有機農法、自然動力法**
到最純粹天然的 **葡萄酒世界**

## NATURAL WINE

### AN INTRODUCTION TO ORGANIC AND BIODYNAMIC WINES
### MADE NATURALLY

伊莎貝爾‧雷爵宏 Isabelle Legeron MW ｜ 著

王琪、潘芸芝 ｜ 譯

一切都發生在葡萄樹身上，
一切也都在那兒被捕捉，
唯有在那裡，
我們能讓葡萄酒的潛力百分之百發揮。

積木文化

# 自然酒

原　書　名／Natural Wine: An Introduction
　　　　　　　to Organic and Biodynamic Wines Made Naturally
著　　　者／伊莎貝爾·雷爵宏（Isabelle Legeron MW）
譯　　　者／王琪、潘芸芝
特 約 編 輯／陳錦輝

總　編　輯／王秀婷
責 任 編 輯／魏嘉儀
版　　　權／向艷宇
行 銷 業 務／黃明雪、陳彥儒

發　行　人／凃玉雲
出　　　版／積木文化
　　　　　　104台北市民生東路二段141號5樓
　　　　　　官方部落格：http://cubepress.com.tw/
　　　　　　電話：(02) 2500-7696　傳真：(02) 2500-1953
　　　　　　讀者服務信箱：service_cube@hmg.com.tw
發　　　行／英屬蓋曼群島商家庭傳媒股份有限公司城邦分公司
　　　　　　台北市民生東路二段141號2樓
　　　　　　讀者服務專線：(02)25007718-9　24小時傳真專線：(02)25001990-1
　　　　　　服務時間：週一至週五上午09:30-12:00、下午13:30-17:00
　　　　　　郵撥：19863813　　戶名：書蟲股份有限公司
　　　　　　網站：城邦讀書花園　網址：www.cite.com.tw
香港發行所／城邦（香港）出版集團有限公司
　　　　　　香港灣仔駱克道193號東超商業中心1樓
　　　　　　電話：852-25086231　傳真：852-25789337
　　　　　　電子信箱：hkcite@biznetvigator.com
　　　　　　馬新發行所／城邦（馬新）出版集團
　　　　　　Cite (M) Sdn Bhd
　　　　　　41, Jalan Radin Anum, Bandar Baru Sri Petaling,
　　　　　　57000 Kuala Lumpur, Malaysia.
　　　　　　Tel: (603) 90578822　Fax:(603) 90576622
　　　　　　email:cite@cite.com.my

封面完稿　葉若蒂
內頁排版　台灣菩薩蠻數位文化有限公司
製版印刷　上晴彩色印刷製版有限公司

Natural Wine 原書由 Ryland, Peters & Small 旗下 CICO Books 出版社在英國出版，CICO Books
出版社位於20-21 Jockey's Fields, London WC1R 4BW, UK。
Text © Isabelle Legeron 2014
Design © CICO Books 2014
Photography by Gavin Kingcome © CICO Books 2014
For additional picture credits, see page 224.
All rights reserved.
原書工作人員：編輯／Caroline West；設計／Geoff Borin；攝影／Gavin Kingcome；插畫／
Anthony Zinonos

Text translated onto complex Chinese © Cube Press, a division of Cité Publishing Ltd., Taipei, 2014.

2017年（民106）2月16日 初版一刷
售價／NT$750
ISBN 978-986-459-075-9
版權所有·不得翻印

國家圖書館出版品預行編目(CIP)資料

自然酒 / 伊莎貝爾.雷爵宏(Isabelle Legeron)著；王
琪, 潘芸芝譯. -- 初版. -- 臺北市：積木文化出版：
家庭傳媒城邦分公司發行, 民 106.01
　　面；　公分
譯自：Natural wine : an introduction to organic and
biodynamic wines made naturally
ISBN 978-986-459-075-9(精裝)

1.葡萄酒 2.製酒

463.814　　　　　　　　　　　　　105024837

# 目錄

是一個農夫雨靴被視為有型配件、與肉販討論肉類風乾過程稀鬆平常的世代；精釀啤酒廠與義式咖啡吧更已融入城市景觀。在農業時尚化風潮帶領下，我們要求香腸必須以自由放養豬肉製造，卻從未意識到，自己搭配香腸的葡萄酒卻是以類似「籠飼雞」方式工業化生產出來的。對如今已習慣先看食物背標的我們來說，原因之一，或許得歸咎於葡萄酒並沒有詳細背標可看；畢竟，這樣的葡萄酒法令現今並不存在。

本書的主旨並非揭露葡萄酒界不為人知的祕辛，而是大力讚揚那些在種植過程中用心並竭力避免讓現代釀酒方式介入，在看似不可能的情況下使葡萄酒得以呈現天然風貌的釀酒師（enologist）。本書同時也是為了歌頌那些創造出此類酒款的非凡人物。正如鎮日乘風逐浪的水手，這些釀酒師很清楚，在大自然之下人是多麼渺小。他們了解要意圖控制或馴服大自然，不但徒勞無功，也會適得其反。這是因為大自然的奧妙，便在於她所蘊藏的強大力量。

我不是釀酒師，也不願假裝自己深得釀酒學的其中三昧。本書所分享的是我與酒農（vigneron）廣泛討論後得到的共同願景，其中包含品嘗幾千瓶葡萄酒後所累積的經驗。我希望藉著本書，使更多人願意探索這個主題，進而激盪出更多的討論。我不是個坐山觀望而不表態的人，我的立場相當明確。我深信所有的釀酒葡萄都至少需要以有機方式種植，我的寫作立場背後也沒有任何政治或經濟動機。我的意見全是由我喜愛飲用的酒款所引導。我相信，那些以天然方式（不添加或僅用微量二氧化硫）釀製出來的酒款喝起來口感最優異，也因此我只喝這類葡萄酒，而這，正是促使我寫這本書的主要原因。

《自然酒》一書是以主觀的角度探討何謂優異好酒；對我而言，唯有自然酒才足以臻至偉大境界。另外，我也反對「一言堂」，因此書中我試圖透過其他人的聲音與故事來傳達出同樣的訊息。我所描述的一切都是真實存在著的，而我在書中所分享的經驗與想法亦是出自其他更為廣大的族群。當我為此書做研究時，我發現市面上關於這個主題的資訊少之又少，其中一部分原因，在於傳統葡萄酒產業不認為自然酒具有足夠的商業價值。也因此，我的調查結果多半來自初步研究資料蒐集，像是對話、訪談以及大量的品酒過程。

葡萄酒是會被人體吸收的。一如其他的食物，葡萄酒或許有益健康，或許多少經過人為操控，也可能口感美味。在許多方面，本書也適用於談論其他的食品，像是麵包、啤酒、牛奶等過度商業化的產品（進而開始回歸自然的復興運動）；只不過葡萄酒跟上腳步的速度慢了點。因此，假如你清楚優質食物所提供人體的遠超過營養與飽足感，也看重自然酒生產者熱情與認真的委身態度，相信你一定也不難理解優異自然酒的特別之處。我也盼望一旦你踏上這一步之後，永遠不回頭。

**Isabelle Legeron MW**

於倫敦，2014 年 2 月

# 前言

## 現代農耕

　　不久前我和朋友在英國康瓦爾（Cornwall）一棟美麗的鄉間別墅度過美好週末。在徐徐海風的吹襲之下，眼前浩瀚無垠的玉米田在微風輕撫中如海浪般恣意搖擺，宛如寧靜如詩的田園風情畫。可是我注意到，這樣的景觀綿延了數哩卻絲毫不變。我僅能看到生長在荒蕪而堅硬如岩石般土地上的玉米，除了玉米，還是玉米；眼前所見令人觸目驚心。不過剎那之間，原本可用如詩如畫來形容的景象竟變成單調死寂。

　　現今農業單一化的情況十分常見，普遍到我們根本沒有感覺。從自家庭院蒲公英禁入的綠油油草皮，到郊外一望無垠的甜菜、穀物田與葡萄園，我們意圖將大自然掌控在手中。過去，小片牧草、林地與農田是由樹籬分隔，野生動物得以穿梭其中。如今，農業單一化已蔚為主流。自 1950 年代起，美國的農場數量少了一半，存留下來的農地平均面積卻呈雙倍增長。也因此，現今全美不到 2% 的農地卻能生產出占全國產量 70% 的蔬菜。

下圖：
加州農業單一化：放眼望去，除了葡萄沒有其他。

20 世紀已經全然改變了農業的面貌。隨著農業精簡化與機械化，此類「簡化過」的農耕方式是為了增加產量並使短期利潤極大化。這樣工業化的過程被稱為「綠色革命」（Green Revolution）。「我們將此過程稱為『集約化』，但這樣的高度密集化是針對每個農民，而非每平方公尺土地，」農藝專家 Claude 與 Lydia Bourguignon 夫婦如此解釋：「在北美洲，一名農夫獨自管理 500 公頃的農地不是問題，但是傳統的混農林牧系統（agro-silvo-pastoral）每平方公尺的產量其實更高。」

　　葡萄種植也是如此。「過去義大利的葡萄種植在生態上是相當多元化的，」位於皮蒙區（Piedmont）的自然酒農 Stefano Bellotti 對我說：「葡萄樹是跟樹木與蔬菜種在一起。農夫在每行葡萄樹之間還種了麥子、青豆、雞眼豆甚至果樹。生物多樣化是非常重要的。」

　　現代農耕的重點在於發展出可複製的做法，使其得以運用在不同的地方。這也是加州自然酒農 Mary Morwood Hart 所謂的「教科書農耕法」。Mary 說：「這些顧問來到你的葡萄園，告訴你每串葡萄藤該留下幾片葉子，卻沒考慮到該葡萄園的獨特性。」索諾瑪（Sonoma）的自然酒農 Tony Coturri 更進一步表示：「現今的葡萄產業大量以機械化進行，不但多數葡萄幾乎不曾接觸過人手，葡萄果農甚至不會自稱為『農夫』。對他們而言，葡萄種植與農業本身無關。」

上圖：
過去，葡萄都是以人手採收。如今，非機械化的採收模式依然被許多以品質至上的葡萄園所採用。

　　這樣的農耕方式與法國松塞爾（Sancerre）產區的酒農 —— 像是 Sébastien Riffault —— 所採用的大相逕庭，對他而言，每株葡萄樹都有其獨特性。他說：「植物就像人一樣；每種植物在不同階段會有不同的需要。」

　　造成兩方觀點如此分歧的原因之一，可能在於化學農藥的發明（像是真菌殺除劑、各式殺蟲劑、除草劑與化學肥料），因為這一切都是為了簡化農民工作而創造出來的。但這也無可避免地造成他們與自己照料的土地產生脫節的現象，因為不論除草劑或含氮化肥的使用，都不僅只是在葡萄園中施加然後消失，這會導致生態環境的不平衡，而有些農藥可能滲入地下水。「這是惡性循環的開始，」法國東部侏羅（Jura）產區自然酒農 Emmanuel Houillon 表示：「有些合成農藥甚至能與水分子結合後被蒸發，之後隨雨水降下。」

　　世界自然基金會（World Wildlife Fund）表示，回顧過去 50 年來，

全球所施灑的殺蟲劑量增長了 26 倍；其中葡萄園占了相當大的比例。農藥行動聯盟（Pesticide Action Network, PAN）便提到，自 1994 年起，歐洲葡萄園殺蟲劑的用量增加了 27%，他們表示：「如今葡萄樹所接收的合成殺蟲劑量已高於其他（除了柑橘類水果外）許多農作物。」

這對土壤是有害而無益的，Claude 與 Lydia Bourguignon 夫婦進一步解釋：「全世界 80% 的生質量（biomass）都在土壤裡頭。光是蚯蚓所產出的生質量便已等同其他所有動物的總和。然而，自 1950 年起，歐洲蚯蚓數量已從過去每公頃 2 公噸銳減至 100 公斤。」

生物降解（biological degradation）對土壤有深遠的影響，最終也會導致化學降解（chemical degradation）以及大規模水土流失。「六千多年前當農業開始發展時，全世界約莫 12% 的土地是沙漠；如今則高達 32%，」Claude 與 Lydia 進一步表示：「在這段期間我們創造出約莫 20 億公頃的沙漠，當中有一半是出現於 20 世紀。」全球的自然資本每年都呈銳減狀態。「近期的估計更顯示，每年超過 1 千萬公頃的農地將會被降解或流失，因為風及雨會將表層土壤沖刷掉。」生態學家與作家 Tony Juniper 提到。

人類與環境是唇齒相依的，我們和自己所吃喝下肚的東西更是無法分離。事實上，在 PAN（2008 年）以及法國消費者機構 UFC-Que Choisir（2013 年）所做的調查中，發現在人們品飲的酒中能檢測到殘存的殺蟲劑。雖然殘量很低（以微克／公升做計量單位），但不可否認的，它們比英國飲用水可接受的標準含量高出極多（有時甚至超過 200 倍），有些甚至殘存致癌物以及對發育、繁殖有害的毒素與內分泌干擾物質。而葡萄酒中又有 85% 是水，這個結果當然令人憂心。

上圖：
自然酒需要生產者以精確的方式釀製，也需要悉心的照料與關注。

對頁：
在這座野生的加州葡萄園中，葡萄樹與蘋果樹、灌木叢、草叢共生。

全世界 80% 的生質量都在土壤裡頭。光是蚯蚓所產出的生質量便已等同其他所有動物的總和。

# 現代葡萄酒

「葡萄酒很單純，生活也很單純；可惜人們把一切變得複雜。」

Bernard Noblet，法國 Domaine de la Romanée Conti 酒莊酒窖總管

上圖：
這種樹幹扭曲的原生葡萄老藤多半是首先被鏟除的對象，原因在於產量低，同時也已退流行。然而它們卻往往最能適應環境，同時也與土地緊密相連；因為它們已經發展出相當深的樹根系統。

2008 年，我第一次來到位於高加索山區的喬治亞共和國。令我驚訝的是，在這裡，幾乎每個家庭都會自行釀酒；倘若有剩餘的，他們也會出售賺點零用。當然，有些酒很可口，有些則難以下嚥；但重點是，在喬治亞的鄉村裡，葡萄酒是飲食的一部分，正如他們會養豬以便吃豬肉、種麥子以便製作麵包、養一兩頭牛以便擠奶；他們同時也種葡萄以便釀酒。

儘管在現今的社會要找到這樣自耕農其實不容易，但過去並非如此。起初，葡萄酒不過是一種簡單的飲料，但隨著時間的演進，開始成為一種具有品牌、風格一致而標準化的商品。葡萄酒的生產主要是由財務盈虧決定，同時還得遵循時尚風潮與消費者動向來做改變。真是令人歎息！

這樣的情況通常也意味著，要決定採用何種農耕方式，並非以考量植物與周遭環境為出發點，而是生產者多快能夠將成本回收。葡萄樹或許被種在不合適的地方，照料不善，一旦葡萄到了釀酒廠，只要用上各種的添加物、加工助劑以及人為操控等，便能製造出標準化的產品。正如其他許多產業，葡萄酒亦從原本強調純手工與藝匠藝術的製造方式，轉變為大規模工業化的生產。

其實這現象並沒有什麼奇特之處，只是不如其他產業，人們對葡萄酒釀製依舊存在著過去的印象。多數人仍相信葡萄酒是由純樸的農夫所生產，過程中少有人為干涉——葡萄酒大廠也很樂於繼續維持這樣的假象。2012 年在美國，光是三家大廠便掌握了全美葡萄酒銷售量的一半；而在澳洲，排名前五位的酒廠則占全國葡萄酒產量的一半以上。也因此，葡萄酒是什麼與葡萄酒像什麼，兩者之間變得毫無關連。

上圖：
不像多數現代葡萄園，農業
多樣化在自然酒生產上依舊
占有重要地位。圖中位於斯
洛維尼亞的 Klinec 農場便是
一例。

　　或許你會說，現今世代企業併購稀鬆平常。而且釀酒看來也不是件容易的事，必須具備高科技的設備、昂貴的建築、受過嚴格訓練的員工等；事實並非如此。倘若放手不管，含有糖分的有機化合物會自然發酵，葡萄也不例外。葡萄周遭充滿活的生物，隨時準備好要分解葡萄，這樣的過程最終可能會產生出葡萄酒。簡單說，假如你採收了葡萄並在水桶裡壓榨它，你只需要一點運氣便能得到葡萄酒。

　　經過長時間的演變，人們在這樣的「水桶技巧」上精益求精。年復一年，酒農開始發現可以生產出優異葡萄的方式，他們發展出各樣技術以便了解葡萄變化成酒過程中的箇中奧妙。然而，即便科技發展與釀酒學的精進確實對葡萄酒產業整體來說有著正面意義，但如今我們似乎迷失了方向。

　　我們並沒有運用科學來減少對葡萄酒釀製過程的干涉，反倒是想辦法以之掌控過程中的每個步驟——從葡萄種植到釀酒本身。能稱做天然的部分少之又少。反之，今日多數葡萄酒，包括那些昂貴的、所謂「獨

上圖：
位於北義唯內多（Veneto）
產區釀製自然酒的葡萄園。

對頁下：
現今不但國際品種到處可
見，葡萄酒風格重複性也
很高。這樣的結果就如
Hugh Johnson 所說：「如今
在葡萄酒釀造上同質性極
高。過去一直是新世界跟
隨舊世界腳步，現在則相
反。」

家」的酒款，倒成了農藥食品產業的產物。更驚人的是，這一切改變多
數都從過去五十多年起。

　　同樣的，商業用酵母菌株也要到 20 世紀後半才出現在市面上。全球
酵母菌株與細菌供應製造大廠之一的 Lallemand，是自 1974 年才在北美
銷售葡萄酒菌株，1977 年進入歐洲市場。

　　其他的酒中添加物亦然。像是惡名昭彰的二氧化硫對酒的影響，就
被自然香檳生產者 Anselme Selosse 形容為「宛如《飛越杜鵑窩》（*One
Flew Over the Cuckoo's Nest*）電影中的 Jack Nicholson；二氧化硫讓酒變得
遲鈍癡呆了。」與一般葡萄酒產業所相信的事實相反，二氧化硫在釀酒
過程的使用上（目的在於使木桶保持清潔）其實是相當近期的事；將其
加入酒中更晚近了（見〈二氧化硫簡史〉，頁 68-69）。

　　各式人工干預科技的出現也是相當晚近的發展，即便如今已被大量
運用在釀酒上。「無菌過濾（sterile filtration）是十分先進的技術，」法
國布根地自然酒農 Gilles Vergé 表示：「在我們這個產區是到 1950 年代才

開始有人使用。而逆滲透（reverse osmosis, RO）——過濾膜之間緊密結合，相較於無菌過濾密合度幾乎高出 1 萬倍——則要到 1990 年代才出現。」現今採用逆滲透仍被視為不需大聲張揚的事，但據推廣此技術有名的葡萄酒顧問 Clark Smith 表示，逆滲透機器賣出的數量遠超過生產者所願意承認的。

　　位於美國奧勒岡州（Oregon）的 Montebruno 酒莊是從啤酒釀造轉為生產自然酒的酒莊。由莊主 Joseph Pedicini 的家族史中不難看出，這類釀酒技術確實是相當近期的發明。「1995 年，當我仍在釀製啤酒時，我也一邊接手自家的釀酒任務（我們家族來自義大利，我的祖父母從那裡帶來釀酒技術）。當我將啤酒釀造的知識用在釀酒上，並使用實驗室培養的酵母菌株時，家人會百思不解地看著我，說：

　　『你為什麼要放那些東西在我們的酒裡？！』

　　『叔叔，你等著看吧。我在學校學到的，這酒會變得好喝！』

　　但是最終，釀出來的酒卻缺少了靈魂。好喝，但少了那股魔力！』

　　不論是 Joseph 紐澤西的家人，還是喬治亞的鄉下農夫，我們所能得到的結論是一樣的：酒會自己釀自己。

上圖：
許多酒莊如今已大量減少人力而改由機械化生產。

「自然酒並不是新東西；酒一直都是自然的。但如今，自然酒卻屈指可數，猶如滄海之一粟，可惜啊可惜！」

Isabelle Legeron MW，葡萄酒大師

# 第一部

何謂自
然酒？

上圖：
桶邊試飲發酵中的自然酒。

對頁：
薄酒來（Beaujolais）產區正在釀製過程中的 2013 年份自然酒。

前頁：
瑞士實驗葡萄園 Mythopia 的健康葡萄樹，大量自然酒在此釀製。

# 「真有自然酒這種東西嗎？」

　　2012 年夏季，義大利農業部的調查員突然出現在位於羅馬 Viale Parioli 這家自 1929 年開始經營得相當成功的葡萄酒零售店 Enoteca Bulzoni。店家第三代的 Alessandro 與 Ricardo Bulzoni 收到了一張罰單，並得面對可能的詐欺訴訟。原因在於他們在無執照的情況下銷售 vino naturale（自然酒）。

　　當他們提出質疑時，義大利官員解釋說，「自然酒」一詞在法規上並不存在。現今各個產區命名以及酒標標示都有法可循，在名稱使用上也都受到限制，但自然酒目前卻沒有認證單位或規定。官員認為，這樣一來便無從審查，對消費者可能會造成誤導，也使其他沒有如此標示的生產者蒙受損失。Bulzoni 兄弟付了罰款後，還是繼續賣他們的酒。

　　義大利報紙《每日真相報》（Il Fatto Quotidiano）當時對此做了報導，也為整件事做了總結。一方面，市場上有像 Bulzoni 兄弟這樣三代銷售葡萄酒的家族，總是將顧客利益放第一，他們並沒有宣稱這些自然酒比較好或壞，而僅是用一個常見的辭彙以便區分出沒有使用添加物的酒款。另一方面則是政府部門的存在，即便他們原則上同意這類「自然酒」可能確實沒有額外添加物，但仍堅持法規是需要被尊重的。然而目前的法律卻沒有為自然酒做出定義。

　　這正是自然酒生產者面臨的最大挑戰。如今他們的產品仍沒有經過官方認可，自然酒一詞因此容易遭到濫用或遭受批評。正如位於英國里茲（Leeds）有機酒專賣店 Vinceremos 的 Jem Gardener 所說：「生產者期望我們相信他們釀酒是以誠信為本……他們是使用自然的方式與成分。我很希望這樣真的就夠了，但在這個世代，這恐怕不夠。」目前的情況是，任何酒農都能說自己釀的是自然酒。然而到底是或不是則是個人誠信問題了。

「現代釀酒過程所強調的是二氧化硫的使用、控制發酵過程與溫度，但其實有更好的替代方式。」

David bird MW，葡萄酒大師、認證化學家與 Understanding Wine Technology 一書作者

上左：
浸皮（maceration）中的葡萄，目前正進行酒精發酵（Alcoholic fermentation）。這樣的過程只要是使用照料得宜的健康葡萄便會自動發生。

上右：
榨汁之後剩下的紅葡萄酒渣。在有機葡萄園這些會被用來覆蓋土地或成為堆肥。

## 人工干涉：何種程度才算過多？

更麻煩的是，葡萄酒釀造是件棘手的事，要決定在過程中干預到何種程度並不容易。歐洲在有機酒釀造規範中甚至允許使用 50 種添加物與加工助劑。所有的自然酒生產者基本上都會同意絕不可以添加增味酵母，有些人則可以接受在裝瓶時加入少量二氧化硫。同樣的，有些人相信澄清（fining）與過濾葡萄酒屬於人為操控，會完全改變葡萄酒的結構，因此不應該允許。也有人認為傳統做法，像是使用有機蛋清來澄清葡萄酒，並不會使酒款變得較不自然。

在這樣混亂不清的狀況下，制訂正式的官方定義是必要且勢在必行。隨著自然酒數量的增加，大眾對這類酒款的接受度提高，對其他種類的葡萄酒到底是怎麼釀出來的開始有所質疑。如此一來，便開始有人趁機發「自然」財。有些大型生產者推出所謂的「自然」調配酒款，或在宣傳文宣上使用這字來描述那些其實是以傳統施灑農藥的農耕法產出的葡萄酒。不論這樣的做法真的只是因定義模糊，還是企圖跟隨潮流及順勢發財，結果都是相同的——消費者更加疑惑。

## 自然酒的定義與規範

對此，有關單位也開始做出回應。像是 2012 年秋天，法國自然酒協會（Association des Vins Naturels, AVN；見〈酒農協會〉，頁 120-

121）便接待了一群來自巴黎反詐欺部門的官員，他們要求協會提出關於自然酒製造方式的定義內容並申請官方註冊，以便政府在審查市面上宣稱自己是「自然酒」產品時有所依據。Domaine Fontedicto 莊主暨 AVN 創辦人之一的 Bernard Bellahsen 說：「他們終於了解了有機與自然葡萄酒之間的不同，因此要求我們將協會的定義稍作微調，並正式提出法規細則。他們關注的焦點其實很單純：他們必須於法有據。做為一個協會，我們能夠提供政府參考的依據，他們才能檢視產品是否符合標準。這必須經過註冊與正式公告。」現今法規含糊不清，政府無法進行任何檢測。也因此，正如義大利，有關單位便不願業者任意使用這個名詞。事實上，2013 年秋季，當本書付梓之際，義大利政府也開始針對「自然酒」主題進行議會質詢，目的在於提供更明確的規範。

可以確定的是，整體而言自然酒在數量確實逐漸增長。或許因著這樣的成功，進而在葡萄酒業界引發爭議。他們會說：「沒有什麼東西是真正自然的」，或說：「他們怎麼可以影射我們的酒不自然呢？」

然而事實上，有些自然酒農同樣不喜歡「自然」一詞。「這不是個很好的用字選擇，因為很容易在多方面被扭曲，」位於法國隆格多克（Languedoc）Le Petit Domaine de Gimios 酒莊的 Anne-Marie 如此表示。Bernard Bellahsen 也同意：「當我說自然酒時，我所說的是發酵後的葡萄汁。我所用的除了葡萄，還是葡萄，得出的成果便是葡萄酒，如此而已。」這樣的說法雖然並非言簡意賅，卻較為正確，因為有太多東西可以稱為「自然」，使它們感覺起來較為健康，但其實並不真是這麼一回事；「自然」兩字是個相當微妙的辭彙。

或許，「自然酒」實在不是最好的用詞。其實，一旦我們必須為字典上定義的「葡萄酒」額外加上任何形容詞，都是令人惋惜的。不幸的是，這個世界已經全然不同。如今葡萄酒已經不再是「發酵過的葡

上圖：
目前的情況是：沒有任何官方的酒標法規能讓消費者知道何者是「自然酒」。

他們終於了解了有機與自然葡萄酒之間的不同……

萄汁」了，而是「經過 X、Y、Z 過程發酵後的葡萄汁」。因此，「葡萄酒」一詞必須先經過認可，才能進而做出區隔。

然而，或許較不具爭議性的辭彙像是「鮮活」「純淨」「未加工」「真實」「純正」「低干涉」「純正」「出自農場」等，才能減少挑釁意味。然而，「自然酒」卻是目前全球描述這類酒款使用最廣泛的辭彙。不知為何，即便有許多其他替代辭彙可用，各地人們都以「自然」一詞來形容這類健康成長、對環境友善以及較少人工干涉，且較能真實表現出產地風味的葡萄酒。正如皮蒙區 Cascina degli Ulivi 酒莊自然葡萄酒農 Stefano Bellotti 所言：「我並不喜歡『自然』一詞，但形勢比人強，你也沒辦法。就像即便你不喜歡『桌子』被稱為『桌子』，但你也不能因此叫它成『椅子』。」所以，只能繼續稱之為「自然酒」了。

無論是否經過認證（或能被認證），自然酒確實存在市面上。這些酒最基本的條件是來自有機農耕的葡萄園，在釀造過程中沒有增加或移除任何東西，最多就是在裝瓶時加入微量的二氧化硫。這使其成為最貼近 Google 搜尋出的「葡萄酒」定義：經發酵的葡萄汁。

「採收葡萄而後發酵」或許聽起來相當簡單，一旦仔細探究便會發現，自然酒在其最為純淨的模式下，幾乎宛如奇蹟；因為這是唯有葡萄園、酒窖、酒瓶三者臻至完美平衡時，才可能達到的成果。

對頁與下圖：
自然酒源自孕育及保護生命的葡萄園，從葡萄樹、酒窖進而到酒瓶內。

# 葡萄園：具生命力的土壤

「破壞自家土壤的國家，無異於自取滅亡。」

Franklin D. Roosevelt，美國前總統

導演 James Cameron 於 2009 年拍的電影《阿凡達》（*Avatar*）中有一幕是這樣的：植物學家葛蕾絲博士看到推土機正鏟除一棵宛如柳樹般的神木時，她走入地獄門（Hell's Gate）控制室對著採礦部門主管大罵。我想，大多數觀眾對她所描述的潘朵拉星球裡的樹木生態應該都不熟悉：「目前我們所知道的是，這些樹的根部可能是以電化傳導做溝通，就像是神經元之間的突觸功用一般。」聽起來像科幻小說嗎？請再仔細思量。

雖然潘朵拉星球是個傳說，但是所謂樹木的溝通網路，正如葛蕾絲在電影中描述的，可並非只是科幻。卑詩大學的 Suzanne Simard 教授在 1997 年發現，樹木之間不但有所聯結，而且它們藉著根部彼此溝通。「依著樹木的需求，它們把碳與氮（及水）到處轉移，」Simard 教授這樣解釋：「它們彼此互動……希望能幫忙彼此生存下去。森林是個相當複雜的系統……有點像我們大腦的工作方式。」

連結這一切的是生長在樹根極小的菌根菌，它們將不同的樹根相連，創造出一個地下網絡，或許我們可想像為一幅拼接畫。這些生物體想來無比非凡，卻是我們腳下整個巨大、具生命力的生態系統中的一個小小環節。正如作者暨生態學家 Tony Juniper 在他 *What Has Nature Ever Done For Us?* 書中所言，此生態系統「可說是與人類福祉與安全息息相關的元素中最不受重視的一個」，甚至「被貼上『骯髒』的標籤，是必須避開、洗滌或以水泥鋪蓋掉的」。而這，正是土壤。

## 充滿生命力

土壤是活的，但這在現代農業中多半被忽視（見〈現代農耕〉，頁

上圖：
法國胡西雍（Roussillon）的 Matassa 酒莊裡，一隻甲蟲正沿著葡萄藤行走。

對頁：
具生命力的東西一定不會孤立生長，健康的植物亦是如此。葡萄樹與周遭環境發展出複雜的關係，在地上與地下衍生出複雜的網絡。

上圖：

義大利 Daniele Piccinin 酒莊葡萄園的堆肥（左）；南非 Johan Reyneke 的自然動力法葡萄園（右）。擁有滿是蚯蚓與其他微生物的健康土壤才能提供植物所需的養分。

8-11）。實際上，「具估計，每 10 公克來自耕地的健康土壤所含的細菌數量超過全世界的人類總和，」Tony Juniper 進一步解釋。然而，科學對土壤生物學與土壤、植物之間複雜的關係則幾乎毫無所知。實際上，時至今日，健康土壤中所含有的大量生物都仍未被辨識出來。

唯一可確定的是，我們腳下這個地下世界其實暗藏玄機。當中有不少以細菌為食的原生動物，以及仰賴原生動物為食的線蟲，以真菌、上百萬節肢動物、昆蟲、蠕蟲為生的各樣生物，都在吃食與排泄中度日。植物不僅是旁觀者，它們也從根部排放出食物氣息以便吸引（並餵食）真菌與細菌，並藉此得到餵食。當葡萄樹進行光合作用時，有 30% 的成果並非用在樹葉、葡萄與根部的生長，而是以碳水化合物

形態進入土中，瑞士自然酒農 Hans-Peter Schmidt 這麼向我解釋。這能餵飽 5 兆個微生物（超過 5 萬種不同蟲類），葡萄樹也跟它們建立了共生關係。為了能得到來自土地上的食物，這些微小生物提供葡萄樹各種礦物質養分、水分，並保護它們不受地下病原體的侵害。

與樹木相類似，這樣的交換網絡同樣也能促進溝通。「地面下的溝通不僅止於菌根；方式多得很。」Hans-Peter 解釋：「地底下有上千個相互依存的微生物得以交換電子元素。正如植物之間的電流一般，這是土壤中的溝通管道。當你耕地翻土時，這個管道也因此被打斷。」

除了具有溝通與防禦功能外，土壤對提供植物所需的養分也無比重要。首先，植物需要 24 種不同的營養素才能正常發展並完成其生命週期（在健康土壤中，植物甚至能取得超過 60 種不同的礦物元素，包括鐵、鉬、鋅，硒，甚至砷）。植物所需的碳、氫、氧等多數可以從葉面上取得，其他的則必須來自土壤。但植物無法直接吸收這類的養分，得靠土壤中的微生物來轉化成使植物根部能夠吸收的形態。少了這些重要的蟲類，葡萄樹必須整天萃取岩石中的微量元素，卻無法吸收。兩位國際重量級的農藝學家 Claude 與 Lydia Bourguignon 夫婦對我解釋：「我們可以給妳看許多種在含鐵量豐富的紅色土壤上的葡萄樹，但它們的葉子都非常枯黃，因為得了缺綠病（由於缺鐵）。它們的根部基本上猶如坐在整片金屬上，因為土壤是死的，沒有微生物來處理這些鐵，結果就是生長在紅色土壤的枯黃植物。」

要使植物能吸收土壤的養分，其中一個重要元素氧氣必須隨時可供微生物使用。這意味著土內得充滿空氣，而這個工作必須由較大型的土壤動物群來進行，像是上下左右鑽洞的蚯蚓，以便建造出毫無阻

下圖：
奧地利史泰利亞邦 Weingut Werlitsch 酒莊整片活力十足的土壤。

上圖：
具生命力的土壤較能忍受具挑戰性的生長環境；像是乾旱與驟雨。

對頁：
葡萄樹之間的這些農場動物對地球有極大的益處。不論是在南法 Béziers 山丘葡萄園中覓食的小豬，還是一大群在 Narbonne 附近 Château La Baronne 自然酒莊裡吃著冬草的羊群。牠們不但對土壤施肥，也透過糞便與口水增進土中微生物的多樣化。這使土壤得以保持彈性並具生命力，同時也讓南非斯泰倫博斯（Stellenbosch）的 Reyneke 酒莊成為在炎熱午後打個盹的好地方。

礙的通道。可惜，這樣的地下網路卻很容易被新式農耕法破壞殆盡。

## 其他好處

這樣互利的關係不僅存在於地底下，也發生在土壤表層。當地面上存在多種動植物，病蟲害便較難生存。「植物越是多樣化，就會有越多樣的昆蟲、鳥類、爬蟲類等在此具自我調節能力的競爭環境中生長。一旦被農業單一化所摧毀，一系列有害的細菌、真菌、昆蟲等都會開始孳生。」Hans-Peter Schmidt 解釋。簡單來說，生態環境一切都必須維持平衡；這樣的平衡則是藉著生物多樣化達成。

此外，具生命力的土壤會使葡萄樹更能抵抗極端氣候，這對現今變遷中的全球氣候形態不啻是項重要的資產。「施灑過除草劑的土地土壤滲透力每小時僅 1 公釐，健康的土壤每小時卻可達 100 公釐。」Bourguignon 夫婦解釋道。也就是說，雨水流入枯死土壤的速度相對緩慢。「生長在無氧的環境下，葡萄樹也開心不起來」，這進一步帶來水土流失的嚴重後果。解決此問題的方式是讓土壤重新擁有生命力，除了確保土壤具滲透力之外，也要讓它能如海綿般持續讓土壤擁有吸收與釋放水分的能力。「土壤中的有機物質能儲存比自身重量多出 20 倍的水分，因此能使土壤更為耐旱。」Tony Juniper 這麼說。

或許更重要的是，少了生命力的土地，也沒辦法真正稱為土壤。這是因為土中的有機物質必須由植物與蟲來轉化成土壤中最重要的元素：腐殖質，所以，沒有生命便沒有土壤。自然酒農深諳此道，因此他們在葡萄園中孕育生命。他們增加園中的有機物質，如庭園堆肥、土壤覆蓋物、覆壤植物，減低土壤夯實，營造出適宜的環境讓生命得以存活。假如你散步在一座有機葡萄園中，可能會覺得園中凌亂不堪：香草、花朵到處生長，葡萄樹之間種植了不同的植物與果樹。幸運的話，可能還會見到牛、羊、豬、鵝等到處散步。在這一切看似混亂的背後，其實是均衡、美麗、健康而具生命力的土壤。

土壤是人類財富與福祉的無價泉源，是必須受珍惜的。畢竟，正如 Juniper 所提醒：「土壤是地球中一個高度複雜的系統，其重要性不需贅述。但說穿了，土壤其實宛如一層薄而脆弱的皮膚。」

# HANS-PETER SCHMIDT
# 談具生命力的庭園

　　瑞士瓦萊州（Valais）可說是個農業單一化沙漠，在此只有死的土壤。殺蟲劑由直升機噴灑，葡萄園中幾乎看不到綠色植物覆蓋。每年有三個月的時間，開車經此處郊區時你必須緊閉車窗，因為空氣中的殺蟲劑與除草劑惡臭是如此強烈，甚至可視為是有毒禁區。接管位於此地的葡萄園確實是項大挑戰。但是，僅僅一年，我們便已看到卓越的成果，生物多樣化增長的速度相當快。

　　八年後，我們看到鳥兒在此築巢，多種野生動物的蹤影，包括罕見的綠蜥蜴，還有

"
Hans-Peter Schmidt 是 Mythopia 實驗葡萄園的經營者。這是一座占地 3 公頃的葡萄園，位於瑞士阿爾卑斯山下，並隸屬於 Delinat Foundation 與 Institute for Ecology and Climate Farming。除了葡萄之外，Mythopia 還種有 2 公頃的水果、蔬菜與香草植物。
"

蜜蜂、甲蟲，野鹿與兔子從園中穿出往鄰近的森林去。裡頭甚至出現了超過 60 種不同種類的蝴蝶，占全瑞士三分之一以上的品種。

一個生態系統是否良好，看是否有蝴蝶便知道。牠們是所謂的「庇護物種」（umbrella species），可以突顯出整體環境的健康程度。在我們的葡萄園中，有著色彩豔麗、帶圓點的黑蝴蝶 Zygaena ephialtes（牠們其實是一種蛾）、翅膀貌似樹葉的突尾鉤蛺蝶（Polygonia c-album，俗稱逗號蝶），以及住在葡萄園周遭二十餘棵魚鰾槐灌木中的稀有藍蝴蝶 Iolas Blues。這類藍蝴蝶是瑞士瀕臨絕種的蝴蝶之一，因此能夠保護牠們是我們的榮幸。倘若你參訪鄰近的葡萄園，頂多能見到一兩種蝴蝶。但是在此，整年除了冬季以外，隨時都能見到十種以上的蝴蝶蹤跡。

同樣的，葡萄園中全年都能找到可供食用的蔬果，如沙拉葉、草莓、黑莓、蘋果、番茄等，正如一座充滿活力的庭園裡該有的景象。在土壤表層增加植物競爭力對葡萄樹是好的，因為這能促使其往下扎根，同時也能提供大型或微型生物多樣化的棲息地。

我們也在園中飼養（非野生）動物。韋桑矮羊（Ouessant）是我們的最佳夥伴。牠們身形矮小，吃不到葡萄卻能鏟除野草並清理葡萄樹幹，若不是牠們，這些工作得由人工或機械來處理。最重要的是，牠們也增加了土壤的微生物多樣性以及土中有機物質，因為其腸道細菌（與其他分解菌）會經由糞便與唾液進入葡萄園中，對抵抗由土壤傳輸的病菌極有助益，得以使土壤與葡萄園更健康。

我們還有 30 隻自由放養的雞穿梭在葡萄園之間，這是源自古羅馬的傳統。牠們或多或少有助於促進葡萄園的經濟，畢竟在這座 3 公頃的葡萄園中可以容納 500 隻雞，這幾乎比葡萄酒本身的經濟效益還要高！

Mythopia 葡萄園周遭的野生動物（Hans-Peter 的朋友 Patrick Rey 攝），包括大理石白蝴蝶、黃蜂蛾與壁虎。Patrick 花了整整四年的時間觀察、追蹤、記錄葡萄園中四季花開花謝等各種改變。

隨著園內生物多樣性益發複雜，葡萄樹本身也攝取更多的營養素，因此對疾病更有抵抗力。動物與昆蟲也是一個健康的生態環境中不可或缺的一部分。

生物多樣化好處多多而且不難達成。倘若你是從辦公室中撰寫如何促進生物多樣化的專案，紙上談兵只會讓一切看似過於複雜難以實行。但如果親自站在土地上，你便能清楚發現這其實相當單純。只要堅持一個基本原則，像是「葡萄樹不應該種在離樹木 50 公尺外的區域」，光是這點便有深遠的影響。在我們 2 英畝的葡萄園中，除了葡萄樹以外，還種有約 80 棵樹，所以算是較為極端的例子。即便大型葡萄園同樣能這麼做。例如我協助的一座西班牙葡萄園便問我：「我們為什麼要種樹呢？你看從這裡到海邊 500 公里的距離裡一棵樹都沒有。」但他們還是聽從建議把樹種下。三年後，他們不但注意到園中的改變，如今也誓死要保護這些樹。

# 葡萄園：自然農法

「一座有機農場，正確地說，不是使用特定方式與物質來避免某些事物產生，而是模仿自然界的架構，成為一個完整、獨立並與生物體保持良好的依存關係。」

Wendell Berry，美國作家與農夫，〈來自好土地的禮物〉（The Gift of Good Land）

上圖：
Patrick Rey 在瑞士葡萄園 Mythopia 系列記錄影像中（見上篇）拍攝到的黑鳥。在這座阿爾卑斯山葡萄園內的土壤從未被犁地耕作過。

要從非以自然農法耕作的葡萄園中釀造出類似自然酒的產品並非不可能（見〈酒窖：具生命力的酒〉，頁 47-50）。原因在於自然界的生命——尤其是微生物——是極具彈性的；即便遭受化學藥劑的侵襲，多半還是得以存活。不過，葡萄口味的複雜度、品質與強勁度都會受到影響。原料本身若不平衡，通常也會在之後的釀酒過程中浮現。例如，倘若你使用真菌殺除劑，就可能削弱酵母菌種的數量，發酵過程便較困難，進而導致必須進行一連串的人工干預。因此，酒要自然，你的耕作方式便得自然，葡萄必須生活在具生命力的健康土壤中，並被豐富的微型動植物所覆蓋。

自然酒農使用眾多農法來達成這個目標，目的都在使植物不依賴果農生存而能自謀生路。最理想的狀態是創造出一個整體平衡的環境，因為只要其中一種生物受到侵害，便會導致其他問題。因此自然酒農會尋求真正的生物多樣化，原因在於所有的動、植物都因此結為盟友，能與農夫一同對抗各種病蟲害。

酒農多半會選擇與混用不同農耕方式，以下就部分方式做詳細說明。

## 有機農耕法

許多有機農耕法採用的原理其實存在已久，但是人們開始對有機法有所意識則要到 1940 年代才開始；這得歸功於 Albert Howard 爵士（1873-1947）與 Walter James（1896-1982）帶頭展開的有機農耕運動。

有機葡萄種植法（正如有機農耕）旨在避免於葡萄園使用人工合

成的化學藥物，這也包括限制或禁止殺蟲劑、除草劑、真菌殺除劑以及人工化肥的使用，而以植物或礦物所製成的產品來抵擋病蟲害，促進土壤健康，增強植物的免疫系統與養分吸收。（有機葡萄種植——也就是自然酒生產者所採用的農耕法——不能與有機葡萄酒釀造混為一談，因為有機與自然動力葡萄酒的認證上與自然酒可能有所不同。見〈結論：葡萄酒認證〉，頁 90-91。）

　　有機食品風潮正熱，但對葡萄酒來說，這股熱潮來得相對緩慢。對此，自然動力法農耕（biodynamic farming）顧問暨葡萄酒作家 Monty Waldin 這樣解釋：「1999 年時，我曾經估計在 1997-1999 年之間，全球僅 0.5～0.75% 的葡萄園具備有機認證或正準備要轉換為有機。」所幸，時至今日，這個情況已經有極大的改變。Waldin 接著說：「我預估現今全世界應該有 5～7% 的葡萄園為有機或處於轉換期。」

　　如今，全球提供有機認證的機構有十多個，包括 Soil Association、Nature & Progrès、Ecocert 以及 Australian Certified Organic，每個單位都有自己的規範與標準。

## 自然動力農耕法

　　自然動力法是有機農耕法的一種。1920 年代，由奧地利人智學家（anthroposophist）Rudolf Steiner（1861-1925）根據傳統農耕方式發展出來，核心在於作物混種與畜牧業的發展。與有機農耕的不同點在於，自然動力法強調預防勝於治療，同時也鼓勵發展出自給自足的農

下圖：
在南法隆格多克—胡西雍的 Les Enfants Sauvages 自然動力葡萄園一景。

場系統。所有在園中施灑的製劑，是來自植物（如蓍草、洋甘菊、蕁麻、橡樹皮、蒲公英、纈草、木賊等）、礦物（石英）與糞肥，都是用來激發微生物的生活環境，增強植物的免疫系統，並改進土壤的肥沃程度。

這樣的農耕方式是將整體環境納入考量，而非視之為單獨個體。如此一來，農場其實是大地的一部分，也是地球以及巨大太陽系中的一份子，眾星體之間有相當大的影響力（例如引力與光等）。地球上的生命在本質上都受到這些巨大的外在因素影響——自然動力法便將這一切都納入考量。

有些人頗難接受這樣以天文學角度來看待農耕，但其中許多規則不過是基本常識。正如在我從一副巨大的望遠鏡往外看時，天文學家 Parag Mahajani 博士對我說的話：「人們很難理解月光有多亮。滿月之際，植物生長更為快速。」

同樣的，我們也能將潮汐與月亮引力對海洋的影響納入考量，這樣一來，我們就能很快理解多半由水組成的植物也會受到極大影響。正如 Mahajani 博士所說：「潮汐對地球有極為深遠的影響。萬有引力無所不在，不論是對空氣中的氣體、在陸地或水中，我們周遭的一切都在無止盡的上下移動，所有的建築物、道路、圍牆、水泥地等，都受到潮汐的影響。但是由於在固體中，分子的結合比在液體或氣體中強而緊密，因此較難察覺。」採用自然動力法的農民便以此斟酌擁有的選擇，包括何時修剪葡萄藤或何時為葡萄酒裝瓶。想了解其他關於自然

動力法絕佳的操作實例，可以參考 Maria Thun（1922-2012）的著作。詳見〈補充資料與書單〉，頁 215-216。

## 其他的自然農耕法

我個人最欣賞的兩種是：東方的福岡正信（Masanobu Fukuoka, 1913-2008）與西方的樸門農藝（Permaculture，或稱樸門永續農耕）。

福岡正信是位日本哲學家，以其所謂「無為而治」卻有驚人成果的農耕法出名。在他《一根稻草的革命》（*The One-Straw Revolution*, 1975）一書中便提到自己如何以不耕種、不灌溉、不施灑除草劑的方式，達到與鄰近稻田日日耕作的農耕法同樣的稻米產量。

至於樸門農藝則是 1970 年代由澳洲的 Bill Mollison 以及 David Holmgren 創造出來的辭彙。正如我一位樸門農藝學家朋友 Mark Garrett 所言：「這是一種藉由審視農耕方式，使你思考耕作過程，進而

下左：
Le Petit Domaine de Gimios 酒莊的雞。動物的畜養是綜合農業中不可或缺的一部分。

下右：
Daniele Piccinin（擁有同名酒莊）用園內的植物調出製劑來治療葡萄病蟲害。（見頁 76-77）

設計出一種自給自足的系統。沒有任何一種樸門農藝是相同的：不同的背景、狀況，意味著需要不同的樸門農藝法。有人採用有機農耕，有人使用自然動力法，有人不想被貼上任何農耕法標籤。樸門農藝涵蓋了世上不同文化所遵循的一種概念：不論採行哪種農耕法都應能豐富我們周遭的環境以及在這裡依存的一切生物；包括之後的世世代代。」

結論是，不論是有機、自然動力法或樸門農藝，重點並不在於農耕法的名稱，而是使用動機。根據我的經驗，任何「不污染」環境的農耕法都會帶來良好的效應，但純粹為了行銷目的而「轉綠」的農耕法不會創造出一座令人感到興奮的農場；因為這是件必須投注相當心力的事。要轉變為無污染的農場，一開始總是特別辛苦，因此動機很重要。你所需認清的是，你現在這麼做是因為未來並沒有其他更好的方式了，而不是因為這樣會為你帶來更多的顧客。

下圖：
Frank Corenlissen 正在其位於西西里島埃特納火山（Mount Etna）山坡上岩漿豐富的 Barbabecchi 酒莊內照料葡萄藤。他使用的是受到福岡正信所啟發的低干預農耕法。

# PHILLIP HART & MARY MORWOOD HART 談旱作農耕

一開始，我們便決定要走高科技路線。我心想，只要有電腦連線，我便可以繼續待在橘郡（Orange County），只需按按鍵盤就能打開噴水系統……我們也請了一位宛如 007 龐德般帥氣的顧問。他們計畫放探針到土壤裡，所以我們能夠以遙控方式知道土壤溼度值；我們非常喜歡他們提出的構想。

不過我們經常旅行各地，所以清楚一直接受人工灌溉的老葡萄園會出現何種狀況，也知道其實是有其他方式的。因此我對這位顧問說：「我們何不採取旱作農耕呢？」

「這行不通的。」他才剛從大學畢業，而這附近的學校——加州大學戴維斯校區、柏克萊大學、加州州立理工大學、索諾馬州立大學——沒有一所教學生去想替代方案；因為這些方式被視為不符合經濟效應。因此，即便我們想要以旱作農耕種植出矮叢葡萄樹（bush vine），還是必須採用高科技方法。

直到有一天，我們造訪了一家附近從來沒見過的酒莊。站在吧台後面的那位女士好像有點醉了。我不是開玩笑，因為她倒給我那杯紅酒是我見過倒得最滿的一杯。Phillip 跟我互相對看了一下，心想，假如我們不喜歡這酒那可就頭大了。我們嘗了一口，這是山

> AmByth（威爾斯語「永遠」之意）酒莊是個採用旱作農耕的 8 公頃有機葡萄園及釀酒廠，位於加州 Paso Robles 產區。莊主夫妻檔栽植了 11 種葡萄品種，同時也養蜂、養牛與雞，並種有橄欖樹。

吉歐維榭與卡本內蘇維濃的混調酒款，天啊，真是好喝。

「這酒是哪裡來的？葡萄是怎麼種的？」

「就種在這裡，是用旱作農耕。」

「是誰種下這些葡萄的？」

「我先生。」

我們隔天跟這位先生見了面。他是個經驗老道的葡萄種植者，一直用旱作農耕。他對我們說：「你看看這些雜草。假如雜草能夠生存，葡萄樹也能。」就這樣，我們辭掉了那位超高科技的顧問，而且毫不後悔。

Paso Robles 這裡缺水嚴重，我們的地下水位在過去十年下降了 100 英呎，這是葡萄園開發的直接影響。我們聽說未來兩年將增加 2 萬英畝的葡萄園，這麼一來地下水位會受到什麼影響呢？這一點都不環保。一片原來沒有人工灌溉的土地轉變成必須仰賴人工灌溉的葡萄園，卻沒有足夠的雨水補充流失的水分。因此，問題出在哪其實任何人都明瞭。

每個人自家的蓄水池有一天都會乾涸。

但是最可悲的莫過於大批由非本地人所買下的種植區塊。買了附近 200 英畝土地的，可能是來自洛杉磯或中國的外地人，對他們來說，此區地下水乾涸與他們並沒有直接的關連。當他們把鄰居的水也一併抽乾後，就拍拍屁股走人了，因為這不過是筆投資。

「假如我們買下 800 英畝地然後種 600 英畝葡萄樹，兩年後的收成會是如何？」「我們多快才能回本？」沒錯，假如仔細估算一下，其實四年就回本了。在那之後，他們就不用擔心，反正其他都是多賺的。假如投資虧本了，他們只要抽身即可。倘若採用旱作農耕，回本的速度便相對較慢，正如我們酒莊的聲譽一樣，其成果是長期而久遠的。

這裡是全加州最乾燥的農作區之一，降雨量比那帕（Napa）要少得多。即便是跟 101 公路的另一頭相比，這裡也僅能得到那裡一半的雨量。因此，倘若我們都能採用旱作農耕，其他區域絕對也行。我們的基本信念是將葡萄樹視為雜草一般。葡萄樹喜歡生長，它們有強烈的求生意志，在植物界中宛如殺不死的蟑螂一般。這樣想不是很妙嗎？

上圖：
不同於多數加州葡萄園，AmByth 酒莊的矮叢葡萄樹是採用旱作農耕。

左圖：
Mary 與 Phillip 也自己飼養蜜蜂。「我們的蜂蜜很濃稠、醇厚、色深，口感豐富。因為這些蜜蜂是吃自己的蜂蜜長大的。每個蜂巢每年可以生產出約 40 磅的蜂蜜，我們總會留下至少一半給牠們食用。」

# 葡萄園：了解 Terroir 的意涵

要了解自然酒何以如此特別，必須先回原點了解何謂「terroir」，這也是一款「優異」的自然酒會呈現出來的特質。簡單來說，terroir（產區風土）是個法文詞，源自法文字「土地」之意，之後用以指「表現出地方風味」，也就是彰顯出特定一年該區某些獨特而無法複製的各樣因素（如植物、動物、氣候、地理環境、土壤、地形等）。

這個字可以用來描述與農業相關的作物，像是橄欖油、蘋果酒、奶油、乳酪、優格等。「這是個絕佳的概念，當人們開始注意到生長在一個特定地區的植物或動物呈現出一種其他地區無法複製的風味時，這對消費者來說是一種相當有力的保證。」法國羅亞爾河（Loire）流域自然動力法生產者，也是酒農協會 La Renaissance des Appellations 創辦人 Nicolas Joly 如此解釋。

人類在這個過程中也扮演了相當的角色；但僅一小部分。假如人們開始占主導地位，該處所表現的在地風味便會降低。香檳區最具指標性的生產者之一 Anselme Selosse 將此解釋得很清楚：「當我還是個年輕的釀酒師時，要我屈服於大自然根本不可能。我下定決心要當控制者，我完全主導了葡萄種植與釀酒方式。但即便所有的釀酒過程都按照我想要的方式，釀出的酒卻沒有一款讓我看上眼。直到我終於了解自己的做法完全是有害而無益的。想要創造出偉大的藝術，讓這個地方表現出原創性與奇特性，我就必須放手讓它自由的表現。」

不同的年份會出現不同的生長環境，也會影響在該區生長的一切生物。它們在食物鏈中相互共存、密不可分；也可能它們正好在那段時間出現在那個地方。結果是產生出無比微妙的網絡，比人手能做的

對頁：
土壤成分、氣候、向陽面與高度都是影響產區風土的因素。

「人類史上頭一遭，不需產區風土，只需使用化學製品便能釀出葡萄酒。」

Claude Bourguignon，法國布根地農藝學家

要更複雜。充滿玄機的大自然總能創造出更微妙的東西。

正如法國羅亞爾河流域自然酒農 Jean-François Chêne 所解釋的：「每年我們都採用同樣的手法，但結果總是不盡相同。因為年份不同，每年總有些微差異，這正是有趣之處。」不過，年份的差別也可能來自葡萄園中的人工干涉（例如使用除草劑或甚至人工灌溉）或酒窖中的處理（見〈酒窖：加工助劑與添加物〉，頁 54-55）。事實上，現今許多葡萄酒都以維持品牌一致性的理由用人工方式消除其中的不同點。

葡萄酒是種農產品，是由活的生物在特定的地方、特定的時刻創造出來的，是由各個生命體所創造出的產品，將之加總便成為產區風土。少了它們，便無法表達出產區風土。

正如南法隆格多克 Le Petit Domaine de Gimios 的酒農 Anne-Marie Lavaysse 所言：「自然酒的意義在於使用大自然給予的一切來釀酒。簡單來說這就是每年葡萄採收後的成果。」既然這是來自培育並維繫生命而得來的飲品，基本上本身就充滿生命──從葡萄園、酒窖、瓶中，直到酒杯。

Jean-François Chêne 便如此精簡地下了結論：「對我來說，最重要的便是尊重這些活的生命體。」

上圖：
這個位於法國 Sologne 的 Les Cailloux du Paradis 是 Etienne 與 Claude Courtois 父子所擁有的生物多樣化葡萄園之一，其周遭圍繞著原生樹林。

對頁：
Nicolas Joly 位於法國羅亞爾河區的自然動力法酒莊 La Coulée de Serrant 的秋景。

# NICOLAS JOLY
# 談季節與樺樹汁

每個星球都與一種樹木種類有關連。以樺樹為例，它們便屬於金星。站在樺樹旁邊與站在橡樹旁是相當不同的，橡樹感覺並不堅硬死板，體型也不大，更不會故意引人注意，也不會攀爬到別的樹上；相反的，樺樹相當柔順而多變。樺樹的外型簡直就像個未完成品，它不像柏樹宛如蠟燭燭芯般形狀完整。樺樹很容易種，幾乎到處都能生長。

有人曾經對我說：「想了解金星會有的表現，你只要想像自己家裡來了客人，大家正興高采烈地聊天。突然，一個人安靜地走進來，給每位客人一杯茶，邊說：『我想你們應該口渴了吧。』」這就是金星。柔性而敏感，基本上這也就是女性的能量。

當你收取樺樹的樹汁時，便宛如收取了春天的精髓。一切都被喚醒，重新開始，一切都爆發出新生命。喝下它，全身都生機煥發，這也是為何這麼多人喜歡使用 Weleda（依照人智學家史代納博士的理念而成立於瑞士的天然療方與保養品公司）的產品。樺樹是種平凡的樹，因此任何人都能試著去收取樹汁，只要記住小心謹慎採集，記住自己是使用另一個元素所創造出來的成果滋養自己。

> Nicolas Joly 是法國自然動力法的權威之一，也是酒農協會 La Renaissance des Appellations 的創辦人。他是多本書籍的作者，也大力推廣自然發酵與天然酵母的使用。他在羅亞爾河流域擁有一座 900 年歷史的葡萄園 La Coulée de Serrant。

## 如何與何時採收樺樹汁

樺樹汁是樺樹葉生長的根源，循環的開始——在樹枝萌芽、樹汁成為樹葉以前。在這個時刻，倘若你仔細感受，會發現大自然正在運行，但一切卻仍是肉眼所不可見。這段時期就是你採收的大好機會，你有大約 10～20 天的時間（最好是當月亮處於上升位置時），當樺樹從地上吸收大量水分時，這些樹汁竭力向上，往尚未長出的葉芽送去。這樣的吸力生成了極大的壓力，正是你可以採收時。這段時期視地區不同，在我們這裡大約是 2 月 20 日到 3 月 4 日之間。

採集時，你會需要一把鑽頭約莫 5 公釐寬的小型木製手動鑽，一個大的空水瓶以及一條透明的虹吸軟管，像除草機化油器裡頭的那種。虹吸軟管的直徑必須和手動鑽一樣，

因此最好是先買軟管，再買手動鑽。

　　選好要鑽孔的地方，用手動鑽插入約 2 公分深。你很快便知道自己是否選對時間點。樺樹會噴射出樹汁，因此你所鑽的小孔馬上便會滲出水來。將軟管一頭插入小孔，另一頭放入空瓶中，然後瓶身緊緊貼住樹身。當樺樹正大量生產樹汁時，你必須每天將瓶子倒空。我每天最多可以收集 1.5 公升。

　　你要記住的重點是必須尊重樹木。假如你鑽的第一個洞似乎沒有汁液生出，請不要再鑽另一個洞，因為可能季節還沒到，可以之後隨時過來檢查。這些樹汁最後都是要變成樹葉的，因此這是一個相當辛苦的過程。假如你是取一點自己飲用的話是無妨，但千萬不要逼迫樹木，因為這一定會造成傷害。一棵樹一個洞，絕對不要超過。假如你沒辦法全程監督取汁的過程，那我勸你不要鑽任何洞。因為一旦鑽了洞，你是無法再把洞給補上的。樹汁會一直流到樹已經累積至可以開始長出樹葉的水分，過程約需三個星期的時間。因此一旦開始，就不能任意結束。你必須每天採汁，有點像擠牛奶。

　　當樹汁停止流出、樹皮開始乾燥且沒有水分時，就表示整個過程已經結束，這時便可以取出軟管，之後樹木便會自行痊癒。不過，為了表示你的感激之意，你可以用一點松焦油（又稱 Stockholm Tar）把洞補起來。由於你只需要一點點，約原子筆筆尖大小，因此千萬別去買那些人工合成的爛貨，那對樹木有害無益。完成後，向樹木道聲謝；記得，你面對的是個生物。

　　每年我可以收取約 30 公升的樺樹汁。只要放在冰箱，它們可以保存好幾個月。每日早晨第一件事便是空腹時喝一杯，宛如沐浴在春天的曙光。

下圖：
Coulée de Serrant 葡萄園冬日一景。

# 酒窖：具生命力的葡萄酒

「在顯微鏡下，自然酒本身便是一個小宇宙。」　　　　Gilles Vergé，法國布根地自然酒農

　　自然酒常以法文「vivant」（意謂活力）形容，而「帶著靈魂」「富個性」或「深具情感」等多半描寫人類的語詞也常用來描述葡萄酒；但對許多人來說，酒不過是種毫無生命的飲品。

　　既然決定要仔細觀察這個「生命」，我便尋求我的科學家朋友兼學者 Laurence 的協助，因為她有門路可使用各種顯微鏡。我給了她兩瓶松塞爾葡萄酒，一款是大量生產的超市自有品牌，年產量好幾萬瓶，另一款是 Auksinis，由 Sébastien Riffault 釀製，每年僅產不到三千瓶。Auksinis 是款貨真價實的自然酒，沒額外添加也沒有移除任何東西。

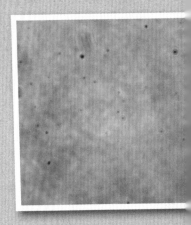

　　兩個月後，Laurence 傳來了兩張葡萄酒在顯微鏡下的照片。相較之下的對比非常明顯（見右圖）。Auksinis 在顯微鏡下充滿了酵母菌，不少是死酵母，但還有很多還活著；至於來自大型超市的酒款相對死氣沉沉。Laurence 甚至還從 Riffault 的葡萄酒中過濾出（她認為是）乳酸菌（lactic acid bacteria, LAB）並培養出菌種。Auksinis 酒中充滿了微生物，但不同於重視消毒的西方思想，這些微生物相當穩定而且絕對美味。這款酒是 2009 年份，帶著明顯的酸度、些微的煙燻味，還有洋槐、蜂蜜與椴樹氣息，香氣奔放而純淨。沒有任何變質的氣味。

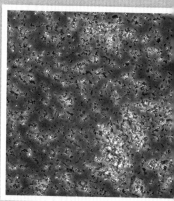

　　從外表看來，兩瓶酒沒有太大差別，兩者都來自松塞爾，都在英國銷售。但裡頭則天差地遠。兩瓶酒的口味當然相當不同，但兩者的差異遠超過主觀的「我喜歡」或「我不喜歡」這瓶酒。兩者在最基本的微生物學上完全不同。Auksinis 充滿了微生物；超市酒款則否。看完幾片顯微鏡下的玻片後，當晚Laurence為自己倒一杯Riffault，他喝下的不僅是一杯真正活著的葡萄酒，更展現了松塞爾鮮活的風味。

上圖：
在顯微鏡下的大型超市松塞爾（上）與 Riffault 的自然松塞爾 Auksinis（下）。

PAS COMME LES AUTRES
CAVE A MANGER
VINS VIVANTS
BEZIERS
Tél. 04 67 48 53 05

## 釀酒科學

　　三個近期的科學研究也進一步證明了葡萄酒「具生命力」，以及得以保存幾十年甚至幾世紀的論點。首先，2007 年《美國釀酒與葡萄種植》（*American Journal of Enology and Viticulture*）刊載了一篇研究是關於「酒中微生物在陳放時的存活率」。研究團隊選擇了不同年份的波爾多酒，最古老的為 1929 年。他們發現年份越早的酒款，酒中擁有越多的酵母菌群。其中一款在 1949 年裝瓶的貝沙克—雷奧良（Pessac-Léognan）每毫升擁有超過 400 萬 cfu（Colony forming unit，菌落形成單位）的酵母菌群，作者們表示，這比現今許多裝瓶前的葡萄酒平均微生物種群總額超出 400～4,000 倍之多；他們也發現其中 40% 的葡萄酒中含有乳酸菌。

　　到了 2008 年 6 月，瑞士研究機構 Agroscope Wädenswil Research Institute 的 Jürg Gafner 教授研究了 Räuschling 白酒中的微生物，其中最古老的年份為 1895 年。研究結果震驚了許多人，他自這些不同年份的酒款中分析出六種休眠中的活酵母，其中三種來自年份最老的酒款。

　　最後，或許也是最令人吃驚的，要屬一瓶 1774 年的侏儸黃酒研究。在這瓶酒出生超過 220 年後，一群當地的葡萄酒專家群集品嘗這款酒，根據他們的描述，酒中帶有「核果咖哩、肉桂、杏桃、蜜蠟的氣息以及悠長無比的尾韻」。微生物學家 Jacques Levaux 後來在實驗室中測試這款酒，發現了休眠中但活力十足的細菌與酵母菌。

　　在這些研究中，細菌似乎掌握了一個有趣的祕密。正如維也納 HBLA und Bundesamt für Wein- und Obstbau 生物化學系的 Karin Mandl 博士對我解釋的。即便還在研究初期，Karin 希望能培養從不同酒款中所找到的細菌，找出負責葡萄酒陳年的菌種。布根地自然酒農 Gilles Vergé 也很肯定這一點，「少了細菌，葡萄酒便無法陳年。因著細菌的存在，即便是老年份的酒款，口感依舊新鮮。這些細菌能存活幾十年，甚至幾百年，」他說：「它們不需要太多資源維繫生命，只要酒中能有發酵後僅存的丁點殘糖即可。」

## 有何益處

　　這麼看來，生命是關鍵要素。不僅在葡萄種植或發酵過程，同時

上圖：
培養（élevage）對具生命力的葡萄酒來說是個十分重要的過程，隨著陳年的時間，酒質也得以穩定。自然酒壽命可以相當長，細菌的存在可能也是酒款是否具陳年實力的要素。

對頁：
自然酒生產者用天然酵母釀製出有生命的葡萄酒，同時也對酒款口感有正面的影響。羅亞爾河區農業生物協調部（Coordination Agro-Biologique des Pays de la Loire, CAB）的葡萄栽種與釀酒技術顧問 Nathalie Dallemagne 如此解釋：「從顯微鏡下觀察發酵中的葡萄汁，你會馬上看出其是否使用了商業酵母。它們的體型通常比天然的大，細胞結構則類似，畢竟它們起源相同。」

可能對葡萄酒是否能優雅陳年也有相當影響力。這不是說唯有自然酒才有生命，不論天然與否，酒都是由酵母與細菌所組成，因此在過程中的某段時間，所有的酒都具有生命，只不過自然酒更具活力。許多一般的葡萄酒也都擁有微生物種群，只是數量多寡取決於眾多因素——從農耕方式到釀酒過程與添加物的使用。舉例來說，徹底過濾可能就是為何在 Laurence 提供的超市酒款照片中見不到任何酵母菌。

　　這類人為干涉除了對微生物群會產生影響，在口感上也似乎造成了變化。「含化學添加物的葡萄酒宛如一條直線，」Saša Radikon 說。他的家族在義大利東部 Collio 產區釀製無添加二氧化硫的葡萄酒已有多年的時間。「這條線能有多長取決於釀酒師的功力，重點是，這條直線會突然結束。自然酒則截然不同，它們呈現波浪型，有的表現優異，有的則沒那麼好。正如所有的生物一般，最終它們都會死亡，但這可能是明天，或二十年後。」Saša 的解釋是，這基本上與酒液中的生命息息相關，一年四季的變化都會被注意到。「我們的酒窖沒有溫控，因此會隨季節而有所變化，在冬天，當外頭一切都靜止下來後，酒窖裡的葡萄酒也不會出現什麼變化。到了春天，當外頭一切生意盎然時，葡萄酒同樣變得活躍。酒中出現更多的氣息，嘗起來也不同。隨後到了秋冬之際，葡萄酒再度沉睡了。這酒絕對是具生命力的。」

　　一款真正具有生命力的葡萄酒，宛如味覺的萬花筒，今天品嘗是一個味道，明天又是另一種。這些酒有著千變萬化、美妙而複雜的香氣，宛如嬰兒床上掛著的旋轉吊飾，每個吊飾都會自轉，不同的時間轉出不同的一面，從來不會顯示相同的面貌，有時開放、有時閉鎖，有時收、有時放。就好像酒中的微生物需要時間甦醒，或索性躲在角落生悶氣。

　　現今人們開始討論「第二基因」（second genome）；就生物學的角度來說，人類不只是單純的自我。《紐約時報》（New York Times）的 Michael Pollan 便表示，人類除了背負著基因遺傳信息以外，我們身體的 99% 則是由其他東西所組成。葡萄酒也一樣，它們不僅是感官化合物、酒精與水的合成體，還有許多其他東西。一如人類，這些東西同樣具生命力，能保護、防衛、克服、成長、再生、睡眠，也會老化與死亡。這一切是葡萄酒之所以為葡萄酒、而非大量製造的簡單無菌酒精飲料的根本所在。

上圖：
Radikon 酒莊的酒窖，葡萄酒在木桶中熟成多年才上市。

對頁：
Stanko Radikon 與兒子 Saša（如圖）過去幾十年來都在釀製無二氧化硫的傳統自然酒。

# ANNE-MARIE LAVAYSSE
# 談葡萄園中的藥用植物

　　我對醫師處方藥向來沒有好感，都是以野生植物來治療自己、小孩和我的動物。因此，用同樣的方式照料我的葡萄樹也極具邏輯。有什麼會比以其他植物來幫助葡萄樹健康愉快成長更好的方式呢？

　　在葡萄園中，我允許野草遍生，因此葡萄樹是被南法的地中海灌木（garrigue）所環繞。這些香草由各樣植物組成，每一種都有特殊、強勁的香氣。我恍然大悟了：這些植物都是葡萄樹的鄰居，它們之間彼此共存共生。它們擁有相同的生活經歷，但這些香草卻沒有受到疾病侵擾。我已經認識其中的一些植物；更明確的說，我知道其中二到三種有助於潔淨與排毒。我也知道對葡萄樹來說，樹汁的流動是很重要的，因為這樣才能將體內的毒物排出，因此我跟著自己的直覺走。一旦我開始仔細觀察，植物便宛如開始與我對話。

　　我會在陽光下攪拌與浸製這些植物，並將藥汁塗抹在葡萄樹上。得到的結果令人驚奇：這些葡萄樹生長得優異非凡——沒有任何粉孢黴的跡象。如今，我這麼做已經超過十年了，這些葡萄樹依舊茁壯。

"
Anne-Marie Lavaysse 與兒子 Pierre，在以生產蜜思嘉（Muscat）葡萄酒的隆格多克密內瓦—聖尚（Saint-Jean de Minervois）地區擁有一座 5 公頃大的自然動力法葡萄園 Le Petit Domaine de Gimios。
"

　　至於我使用的植物是哪些呢？這依我所想要達到的目的而定。有些植物的功效在於消毒或抗菌，我用它們來治療發炎或幫助減緩發燒，其他則用來清潔或調節。它們適用於葡萄樹與人類。

　　例如，**鼠尾草**（Sage, *Salvia officinalis*）對淨化肝臟有無比的功效。它們可以用來當茶喝，或給葡萄樹使用，因為在人身上得以淨化肝臟，在植物身上則能達到排毒的效果。鼠尾草同樣也可消毒，因此能幫助消除那些想長在植物身上的黴菌。

　　**貫葉金絲桃**（St. John's wort, *Hypericum perforatum*），又稱聖約翰草，是另外一種很優異的療癒性植物，在葡萄樹之間常可見著。這是種有著鮮豔黃色花朵的植物，相當美麗。我會將花朵最上端剪下並曬乾當做草藥茶，具有舒緩與緩和的功效。這也能幫助肌肉放鬆，並有助睡眠。它對身體的感覺神

經極具功效，因此能用來當做抗憂鬱劑。對人體與動物也都有止痛的用處。此外，你也能將花朵浸在油裡在陽光下放置三星期，之後便能用來醫治燒傷或減緩肌肉痠痛。

　　蓍草（Yarrow, *Achillea millefolium*）是另外一種具潔淨效果的植物，對女性極有功效。在女性經期疼痛時，我會給自己用蓍草花做草藥茶，當然你也能加入一些葉子。它非常有效，不但具舒緩效果，並且能幫助調節體內系統。若有需要，我也會用在葡萄樹上。蓍草含有天然的硫化物，因此具有抗菌的功效，有助於保護植物抵抗粉孢黴。蓍草也能幫助醫治內部組織，因此對傳送葡萄樹汁的葉脈也相當有益——當葡萄樹生病或接受到錯誤的治療，這些內部葉脈也會受到阻塞。

　　黃楊木（boxwood, *Buxus sempervirens*）。這種植物具有劇毒，因此必須小心並適量使用。黃楊木的花有抗菌效果，葉子則具潔淨成分。假如發燒時，以葉子製成的藥草茶會讓你發汗，使病毒得以排出體外。在黃楊木的生長季，我會撿回家裡儲存。我的做法是將葉子水煮五分鐘，將水倒出飲用。倘若你得了重感冒且發燒嚴重，或是身體非常不舒服，可以反覆以水煮葉子，並持續飲用兩天。這非常有效。

右圖：
Anne-Marie 以藥草像是岩玫瑰（*Cistus*）來醫治其葡萄樹，因為它擁有抗黴菌功效而能混合使用於草藥茶。

右圖：
Anne-Marie 同時也收集野生香草與植物用以醫療與食用。圖中這種野生茴香（*Foeniculum*）便是一例，她用來當做食材。

# 酒窖：加工助劑與添加劑

「我們在葡萄酒中加入這麼多毒物，好讓它符合我們的口味——然後還要訝異葡萄酒無法有益身心健康！」 老普林尼（Pliny the Elder），《自然歷史》（*Natural History*）第十四冊頁 130

上圖：
加州 Donkey & Goat 酒莊的葡萄篩選台，用來檢查葡萄品質。

多數人都以為葡萄酒是透過工匠藝術產生的產品。原料是葡萄，使用簡單的榨汁機、幫浦、橡木桶或不鏽鋼桶以及裝瓶設備所製成。實際狀況其實要複雜許多，除了二氧化硫、蛋、牛奶，多數的添加物、加工助劑與設備都因標示法規不足而得以在神不知鬼不覺的情況下使用。「在美國，酒廠甚至能加入去沫劑（anti-foaming agents）。」加州自然酒生產者 Tony Coturri 表示：「一旦用了這種助劑，就不需花時間等泡沫沉澱。倘若這種添加劑用在雞肉或其他食物中，人們會說：『不對吧，你怎麼可以加這種東西？』美國食品藥物管理局（Food and Drug Administration, FDA）也會勒令你停業的。」

或許正因如此，釀酒師通常不願意討論他們到底在酒中加了什麼東西——即便都是完全合法的，結果是整個產業處於相當神祕的景況。與葡萄酒業務一同品酒時，我常訝異於他們對自己葡萄酒的了解只有品種、是否使用橡木桶以及熟陳多久，此外幾乎一問三不知。

例如，高科技設備能調整酒款的酒精濃度，或是微氧處理與過濾消毒葡萄汁。冷凍萃取法（cryoextraction）用來凍結葡萄，使果肉內水分固體化，榨汁時水分便不會進入酒液中。這個方式通常用來模仿像是經典甜酒產區如索甸（Sauternes）經過貴腐菌（*Botrytis cinerea*，一種灰黴菌）感染的葡萄所呈現的濃郁口感。其他具侵入性的設備像是逆滲透機能將葡萄酒的成分分離，按需求來移除不想要的水分（倘若雨下很多）或酒精等，受火災影響而沾染的煙味，或消除會產生「不佳」氣味的酵母菌種，像是酒香酵母（*Brettanomyces*，見頁 78）。

添加劑與加工助劑的數量與規範依國家有所不同——南方共同市場（Mercosur，即阿根廷、巴西、巴拉圭與烏拉圭）允許使用超過50類的產品，包括血紅蛋白（haemoglobin）。澳洲、日本、歐盟與美國允許

使用的添加劑更超過 70 種，其中包括單純的水、糖、酒石酸到令人難以理解的單寧（tannin）粉、明膠、磷酸鹽、聚乙烯聚吡咯烷酮（PVPP）、二甲基碳氫鹽、乙醛、雙氧水等。此外，動物衍生物也很普遍，包括蛋白和溶菌酶（來自雞蛋）、酪蛋白（來自牛奶）、胰蛋白酶（萃取自豬或牛的胰腺）和魚膠（乾魚鰾的萃取物）。

　　這類人工干涉行為的目的通常都是為了節省時間，並幫助生產者在釀酒過程中能有更多操控，這對從事大規模生產的酒廠更是如此。因著商業實際面，像是酒廠必須在採收後幾個月內便將酒款上市以換取現金，也意味著這類人工干涉有時被誤以為是「有必要」。葡萄酒是極少數在主原料葡萄中便擁用轉變為酒所需的一切，所以其他任何東西都屬額外添加物。法國布根地自然酒農 Gilles Vergé 在裝瓶前，葡萄酒會在木桶中儲存 4～5 年。他在 2013 年秋天時對我說：「妳看看現在市面上所賣的酒就知道，現在他們賣的是 2012 年份的酒款。過去，人們至少會等個兩到三年才裝瓶銷售。他們會等葡萄酒自行澄清，但現在生產者加速了這個過程。很快地，2013 年的薄酒來新酒（Nouveau）便要上市，但看看我的 2013 年酒款，現在還像渾濁得像泥巴一般！要如此迅速地澄清是不可能靠天然的方式。」

　　這就是自然酒生產者不同的地方。他們所做的並非滿足需求，他們將葡萄酒視為自己的孩子，而非商品，因此不會只用最簡便的方式解決問題，而是想辦法使自己、植物、土地得到滋潤。他們生產的是表現出產區風土的葡萄酒——無論如何絕不妥協。

　　他們不使用特殊工具、加工助劑與添加劑，因為這些東西會使酒變得較不「真實」。正如香檳區膜拜酒莊 Anselme Selosse 所言：「所有的一切都發生在葡萄樹本身，這也是一切被捕捉到的所在。正是在這裡，葡萄得以發揮百分之百的潛力。你不能在釀製過程額外添加其他的東西。你能消除或隱藏某些元素，卻無法因此為葡萄酒加分。」

上圖：
用腳踩葡萄是最傳統的破皮方法。這對果實來說是最輕柔的方式，也是至今仍在使用的技巧。

**自然酒生產者將葡萄酒**

**視為自己的孩子，而非商品。**

**因此不會只用最簡便的方式解決問題……**

# 酒窖：發酵過程

「發酵作用是大自然將養分回收至土壤的過程。微生物停留在果皮上，坐等時機。待到果實終於落地，而保護果肉的果皮破裂，微生物便長驅直入分解果實中的物質，讓它們重返大地，等待某天再次被植物吸收。」

Hans-Peter Schmidt，瑞士 Mythopia 葡萄園

發酵過程是當酵母菌、細菌與其他微生物將複雜的有機物質（像是植物、動物與其他由碳所組成的物質）分解為較小型的化學物質。對釀葡萄酒來說，也是最重要的一個步驟。過程中，甜葡萄汁轉化為含酒精的飲料，那些讓葡萄酒變得有趣的各種成分藉此產生。若不加干涉，發酵過程通常分兩階段產生，首先是酒精發酵（來自酵母菌），接著是乳酸發酵（來自細菌）。

奇妙的是，這些促成改變的元素在我們周遭時時工作著。舉例來說，在一毫升的乾淨清水中含一百萬個細菌，而一毫升的新鮮有機葡萄汁中則含有幾百萬的酵母菌。這樣看來「當我們長大成人時，我們體內便有一個約三磅重、存放著『其他』東西的器官。」《紐約時報》科學作家 Carl Zimmer 這麼說。這當中有些是良性的、有些是病原體，其中許多則對身體健康有益。

我曾在家發酵過食品，也曾釀製過幾千瓶的葡萄酒，對這些肉眼不可見的細菌尖兵存著極大的敬意；它們總是自動自發地展開任務，創造出極致的改變與令人垂涎的鮮美口感。舉例來說，只要在廚房裡放著麵粉與水，這麼一來，適合酸麵糰發酵的環境便因此產生。將葡萄汁放在桶子裡，它可能會變成葡萄酒或是醋，單視哪一種微生物掌控主導權。事實上，酵母菌與細菌兩者在我們熟知的某些受人歡迎的食物——像是乳酪、義式臘腸、啤酒、蘋果酒與葡萄酒——中扮演極為重要的角色。當然並非所有的酵母菌與細菌總是我們想要的，但假如你強化那些好菌種，它們通常都有絕佳的機會能夠征服與保護它們所占據的空間。

上圖：
健康的葡萄來自健康的葡萄園，假如不加干涉，它們會自動開始發酵。

上圖：
Tony Coturri 位於加州的葡萄園所使用的氣塞。塞入木桶頂端，使二氧化碳能在發酵過程被釋放。

對頁上左：
自然發酵過程。

對頁上右：
在取出剛發酵完成的葡萄酒後，將剩餘的葡萄皮移除。

對頁下左及下右：
桶邊試飲以便確認葡萄酒的釀製進展。

## 酵母菌做了什麼

酵母菌是肉眼不可見的真菌，環境與時間對了便能迅速增生。對葡萄來說，酵母菌隨處都在，從土壤、葡萄樹直到酒裡。它們的工作是消耗葡萄汁的糖分，過程中酒精、二氧化碳與複雜的口味則是副產品。酵母菌可說是自然葡萄酒的關鍵所在。它們是產區風土的一部分，與土壤、葡萄、氣候、地形等一樣重要，數量每年依據環境變化，也造成了年份差異（vintage variation，見〈葡萄園：了解 Terroir 的意涵〉，頁 40-43）。在發酵過程的各階段，不同的菌種會開始運作，宛如骨牌效應，當老酵母死去時，新酵母菌便開始工作。尤其是熱愛糖分的釀酒酵母（*Saccharomyces cerevisiae*）對烘焙與釀造極為重要，能很快取代其他酵母菌種，對葡萄酒的釀製過程至關重要。

要能展開有效而自然的發酵過程，數量繁多的酵母菌是必要的。倘若使用不同的菌株，葡萄酒中便會出現不同層次的風味。正如法國東部侏儸產區的 Pierre Overnoy 解釋的：「當 1996 年的官方採收期宣布時，我們測量了酵母菌的數量。那時細胞濃度為每毫升 500 萬個（約等於一滴果汁）。許多鄰居都開始採收，但我們決定再等一星期，直到達到每毫升 2500 萬。」對酒中毫無添加二氧化硫的 Pierre 來說，酵母菌的尺寸與是否健康是極為重要的因素。「為了避免在發酵時出現問題，並達到最佳的口感複雜度，酵母菌的數量因此越多越好。」

當發酵自然發生時，會比以一般方式產生的發酵時程更長，原因在於酒農面對的是無法預知的野生生物。這樣的發酵過程可能需時數週、數月，甚至數年。一般做法則十分不同，多半會消除原生酵母菌（indigenous yeast）──方法包括加熱、二氧化硫或過濾等，加入從實驗室培養且經過測試的菌種，藉此減低風險、突顯特殊風味並加速生產。「酵母製造廠與葡萄酒界在描述產區風土時，兩者出現的相似之處實在很有意思，」大力主張自然發酵的 Nicolas Joly 表示：「消費者應該被告知葡萄酒中的香氣通常是在酒窖中添加產生的。」

商業酵母製造商的宣傳冊內容相當耐人尋味。例如，「BM45：適合義大利品種山吉歐維榭的釀造，能帶出高酸度、低澀度及絕佳的飽滿口感……。酒中能呈現如果醬、玫瑰花瓣、櫻桃香甜酒（liqueur）的香氣，還有甜美辛香、甘草與雪松氣息，創造出傳統義大利葡萄酒風

格。CY3079：適合釀製『經典』白布根地。能帶出花香、新鮮奶油、烤吐司、蜂蜜、榛果、杏仁與鳳梨等香氣，口感豐富飽滿。」

## 細菌做了什麼

　　幾百萬的細菌與酵母菌並肩工作，它們覆蓋於果實上、酒窖牆上。其中一種最有益的菌種稱為乳酸菌（LAB）——想像新鮮優格中的益生菌，它們在創造葡萄酒的過程中扮演相當重要的角色。在第二階段發酵，也就是乳酸發酵過程（malolatic fermentation）時，葡萄汁中自然存在的蘋果酸會轉化為較柔軟的乳酸，酒中質地與口感因此改變。嚴格說來這並不算發酵，但因為在改變中二氧化碳因此產生並使酒中出現氣泡，此過程因此得名。自然葡萄酒多半經過乳酸發酵過程，因為一旦放任不理，細菌便會在酵母菌結束酒精發酵之後接手工作（有時會在之前發生，可能會有變成揮發性酸的風險）。有時，因特定年份或葡萄品種，乳酸發酵並不會發生；尤其當葡萄酒的酸鹼值（pH）很低時。

　　葡萄酒中還存在另一種主要的細菌：醋酸菌（Acetic acid bacteria, AAB），能發酵乙醇，產生醋酸並使酒出現所謂的「揮發性酸味」（見〈常見誤解：葡萄酒的缺陷〉，頁 78-79）。倘若這些細菌占據主導地位，便會使葡萄酒腐敗，甚至使其變為醋。不少釀酒師會極力阻擋乳酸發酵，以便創造出特定的風格，尤其是風格活潑清新的酒款。這也意味著它們會遠離自然一步，而向創造出風格特定的酒款之路邁進。

　　生產者可以冷卻葡萄酒液、過濾或加入二氧化硫消除乳酸菌等方式來阻止乳酸發酵產生，甚至使用 Lalvin EC-1118 之類，能在發酵過程中不尋常地產生大量二氧化硫的商業酵母菌。我相信阻止乳酸發酵會妨礙葡萄酒的發展，剝奪了飲者享受完整風味與質地的機會。那些被特意阻擾發展的酒款，品嘗起來通常宛如受到緊箍咒的拘束；同樣的，葡萄酒有時也會加入乳酸菌，以便加速或控制乳酸發酵。

　　許多在酒窖中進行的人工干涉，目的都在管理自然存在的微生物群：使其削弱、減少或完全消除，降低它們的影響力，或幫助它們順利完成任務。一座健康的葡萄園會產生出健康而具活力的酵母菌與細菌群，倘若你使用的是優異、滿布微生物的葡萄，那麼正如一名酒農對我說的：「這麼一來，葡萄便不需幫忙，可以自己變成酒。」

上圖與對頁：
所有來自 La Ferme des Sept Lunes 的酒款都是經自然發酵，而且不論葡萄酒顏色與風格，乳酸發酵從未被抑制。

# ANGIOLINO MAULE
# 談麵包

我們的「酵母之母」已經超過 100 歲了，它來自一位烘焙師朋友，他從父親那裡得到這個麵種。我跟妻子在經營 La Biancara 之前自營的披薩館 Sax 54 所使用的就是同一個麵種；我們用它來做碳烤披薩的酸麵糰。這會繼續傳給我們的兒女與孫子女。這個麵種是由天然酵母菌所製成，因此會隨時間變化而變得更為複雜。

但是麵包好吃的祕密並非酵母之母，而是胚芽。這就是我們的小麥與店舖裡販賣的不同之處：我們的小麥裡含有胚芽。這讓品質有極大的差異，因為我們的麥子是優異的全麥，沒有額外添加，也沒有移除任何東西。

要做到這樣，你只能直接買進穀物而非麵粉。麵粉是一種經過人為干涉的產物，大量磨成粉並經加工後使其能夠保存多年。這很可惜，因為麥子中最重要的東西便是胚芽，這也是小麥中最具活力的部位。胚芽富含維他命、礦物質與蛋白質，問題在於，倘若你將胚芽留在麵粉中太久，麵粉便會腐壞。因此商業磨粉場會將胚芽以及小麥胚芽油移除，使麵粉可以保存久一些，結果便是得到較不具營養價值也不美味的麵粉。

由薩克斯風手轉型成披薩廚師，再轉為酒農，Angiolino Maule 如今是義大利最出名的自然酒擁護者之一。他是位於唯內多有機酒莊 La Biancara 的莊主──擁有 12 公頃的葡萄園、上百棵橄欖、櫻桃、無花果、杏桃、水蜜桃樹。他也是義大利最大的自然酒農機構 VinNatur 的創辦者與總裁，是推動變革不遺餘力的代表人物。

所以最好的方式是直接買穀物而非買麵粉。我們的麥子來自同樣生產自然葡萄酒的朋友。在其位於皮蒙區的農地中，他將葡萄與麥子種在一起。全麥穀物一次能保存幾個月，因此問題不大。我們是等到要用時才磨粉，而且這些現磨麵粉也幾乎是馬上使用。

過去我們通常能扛著 5 公斤重的麥子到附近的磨坊請人磨成麵粉，不過這些傳統的義大利鄉村磨坊已經不見蹤影。假如你貿然前往現今的磨粉場，我猜想他們大概會覺得莫名其妙，應該也不接受這麼小量的訂單。因此我們家裡有個迷你石製磨粉機，約莫咖啡磨豆機一般大小，它能將麥子全部壓碎，所有好東西因此能夠全數保留，包括富含纖

維質的麥麩。這種麵粉做出來的麵包帶有一股甜香，即便這並非真正的甜味，相較於人們平常所吃的麵包也更容易消化。

我們一週約磨一到兩次麵粉，主要用來做麵包。你只需要 1.5 公斤現磨麵粉、700 毫升的水、一點鹽，與 100 公克酸麵糰老麵（即酵母之母）。老麵很容易製作，你只需要將麵粉與水放在廚房流理台上（將兩者混合達到像是濃湯或麥片粥的濃稠度。之後加入一點富含酵母菌的新鮮優格、蜂蜜或一片蘋果，便能啟動發酵過程。通常需要兩到三天發酵）麵糊之後便會開始自行發酵，而你只需持續餵它麵粉，就像養寵物一樣。

麵粉、水、鹽與老麵一同混攪到濃稠狀，用手揉約 10 分鐘，或直到所有食材混合均勻，此後 48 小時任其發酵。最後放入烤箱 250°C 烤 30 分鐘，就等著熱騰騰的麵包出爐。

上圖與下圖：
使用超過 100 歲的酸麵糰老麵與在家裡現磨的麵粉，Maule 一家在揉過麵糰後，任其發起，之後進烤箱。正如 Angiolino 所說：「任何人都能在家裡自己做麵包。」

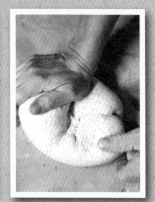

「一個麵包吃起來像面紙的國家，哪能稱為偉大的國家？」

Julia Childs，已故美國廚師兼作家

# 酒窖：葡萄酒中的二氧化硫

> 「當我在酒中加入二氧化硫時，總會備感無力；因為我知道葡萄酒有一部分已經因此一去不復返了。」
>
> Damian Delecheneau，法國羅亞爾河區自然葡萄園 Grange Tiphaine

上圖：
Gilles Vergé（如圖）與妻子 Catherine 是法國布根地的自然酒農，釀製美味且完全不含二氧化硫的葡萄酒。

「我們大力宣傳自己的葡萄酒不加任何東西，甚至二氧化硫，」法國布根地自然酒生產者 Gilles Vergé 說道：「我猜那些反詐欺與海關官員不太喜歡我這麼說，因此某天，他們來到我在布根地的酒莊門口。這是一演四年的荒謬劇的緣起，直到 2013 年春天才完結。他們想盡辦法挑我毛病，甚至使用超導核磁共振光譜儀來分析我葡萄酒中的成分。他們能檢測的都測了，想知道我有沒有在酒中加水，以及葡萄糖分的品質等等。我從來沒見過這類的分析檢測方式，真是眼界大開。最後，他們什麼都沒查到，甚至沒有二氧化硫。酵母菌在釀酒過程中通常會產生二氧化硫，但我的葡萄酒中什麼都沒有。我對他們感到相當抱歉，因為這筆帳單一定不小。」

Gilles Vergé 的故事其實相當尋常。二氧化硫這個主題在今日的葡萄酒界有著兩極化的看法，原因之一是現今人們清楚其添加在食物中對人體造成的危害。二氧化硫的使用量（或不使用）可說是自然葡萄酒的最大特色之一。正如 Gilles 所說，酵母菌在發酵過程中會自然產生二氧化硫——通常每公升 20 毫克，某些菌種則會產生更多的量。不過現今多數釀酒師所添加的二氧化硫量則超過許多，他們會說二氧化硫是必要的防腐劑，若要釀出優異的葡萄酒，這是不可或缺的。

自 1988 年（美國）與 2005 年（歐盟）起，所有每公升含超過 10 毫克二氧化硫的葡萄酒都必須在酒標上註明「含二氧化硫」。可是，真正的問題在於，到底每公升葡萄酒中含有多少二氧化硫？舉例來說，一瓶來自真正自然酒農的葡萄酒，在完全不額外添加的情況下，仍會自然含有每公升 15 毫克，因此瓶身必須像一般大量生產的葡萄酒一般標示「含二氧化硫」；而後者添加的量甚至可能達到每公升 350 毫克。

在歐盟，法律允許的二氧化硫總含量依紅、白、甜酒不同，每公升可以達到 150、200 與 400 毫克；在美國則一律為 350 毫克。基本上，照現今的情況來說，我們是無法知道自己到底喝進了什麼。

二氧化硫源自硫元素，而大部分的亞硫酸劑都是石油化學工業的副產品，它們是透過化石燃料的燃燒並經由含有硫礦石的熔煉製造出來的。在釀酒時經常使用的硫化物化學成分，包括二氧化硫、亞硫酸鈉、亞硫酸氫鈉、焦亞硫酸鈉、焦亞硫酸鉀與亞硫酸氫鉀等（以 E220、E221、E222、E223、E224 與 E228 表示）。在英文中，它們通常也被葡萄酒界泛指為「sulfites」「$SO_2$」或錯誤的「sulfur」。

## 為何使用二氧化硫？

二氧化硫是葡萄酒釀製時常用的添加物，可以氣體、液體、粉狀或片劑形態出現，在各個階段都能使用：當葡萄進入釀酒廠、當葡萄汁與葡萄酒發酵，或當它們被移動或裝瓶時。因其抗菌的本質，二氧化硫多半用在發酵過程一開始，以便攻擊或消滅存在於葡萄表面的野生酵母與細菌，釀酒師便能在酒中植入他們選擇的菌種。二氧化硫也

下圖：
Vergés 位於布根地的葡萄園。

上圖：
完全不含二氧化硫的葡萄酒意味著對人體較有益處。Le Casot des Mailloles 酒莊 的 Ghislaine Magnier 對二氧化硫過敏，他表示：「二氧化硫的問題在於不但可在許多葡萄酒中發現，它們還存在於許多食物裡，像是蜜餞、火腿香腸、新鮮的魚等，這是會累積在人體內的。」

對頁：
人工採收的葡萄以小箱子裝並運送到酒窖裡，能確保果實能保有較長時間的表皮完整性，這可減少氧化風險與抗氧化劑二氧化硫的使用。

常用來消毒釀酒設備，並在裝瓶時加入以便穩定酒質。其抗氧化成分能保護葡萄酒不接觸到氧氣，並防止葡萄汁變為褐色。

　　一般的葡萄酒釀造過程中，二氧化硫多半隨性使用，以便控制那些所謂「具風險」的元素像是各種微生物，或是用以創造出特定風格的葡萄酒——添加二氧化硫的好處在此。相反的，自然酒農卻希望酒能呈現多樣化，他們認真的面對上天每年賜予的不同氣候環境。因為致力於維持健康與充滿活力的葡萄園，他們的葡萄因此充滿多樣化的微生物群，發酵過程毫不費力——不添加二氧化硫的好處在此。

　　有些自然酒農完全不使用二氧化硫，有些則會加入微量，尤其在裝瓶階段。使用二氧化硫原因多半是商業現實考量（例如酒農可能必須提早釋出酒款）、該年份極具挑戰性（因為葡萄疾病或氣候影響）、擔心運輸或儲存過程出問題，或純粹不放心，害怕葡萄酒出問題。索諾瑪郡的生產者 Tony Coturri 的解釋是：「葡萄酒的耐力超乎一般人的想像，不加二氧化硫其實不會有問題。」

　　更複雜的是，二氧化硫的使用又與各國文化息息相關。「德國、奧地利甚至法國，對二氧化硫使用的容忍度要高過義大利，」位於皮蒙區 Cascina degli Ulivi 酒莊的 Stefano Bellotti 表示，他自 2006 年起便僅生產無添加二氧化硫的葡萄酒。「1970/80 年代，我有 90% 的葡萄酒賣給瑞士與德國的有機進口商，他們基本上都會強迫我加入二氧化硫。有一次我的瑞士進口商甚至退回一整棧板的白酒，因為『酒中的總二氧化硫含量每公升僅 35 毫克。我沒有膽量賣這樣的葡萄酒。』」

　　「酒中只要加入一丁點二氧化硫都會有不同表現。不論喜歡與否，這類葡萄酒總是較為無趣。」自然酒農 Saša Radikon 表示。他的酒莊位於斯洛維尼亞與義大利邊界，他的父親是當地最早開始釀製無二氧化硫葡萄酒的先驅酒農之一。「在 1999 與 2002 年間，我們釀製兩種不同版本的葡萄酒：一種在裝瓶前加入每公升 25 毫克的二氧化硫，另一種則無。就香氣的發展來說，添加二氧化硫的葡萄酒總是慢了一年半；這樣的結果屢試不爽。每年我們都請專家品嘗這兩款酒，99% 的時間他們都偏好沒有二氧化硫的那款。這樣的結果並不令人意外，因為葡萄酒需要氧氣才能以完美的速度演化。更重要的是，我們也注意到在裝瓶後兩年，在加入每公升 25 毫克二氧化硫的那款酒中也察覺不到二氧化硫的存在。這樣一來你不禁要想，那又何必加二氧化硫呢？」

# 二氧化硫簡史

葡萄酒界人士常會說二氧化硫早在遠古時期便開始使用了，但一經仔細探查，你便會發現二氧化硫的運用其實是相當晚近的事。因此我覺得應該將自己為此書做研究的過程所蒐集到的一些資訊結集於此。

八千多年前當葡萄酒最初在安那托利亞（今土耳其東部）或外高加索（即喬治亞、亞美尼亞）被「發現」時，並沒有添加二氧化硫的證據。即便五千多年後出現在葡萄酒歷史上的羅馬人，也沒有使用二氧化硫的跡象。「我還找不到任何明確的證據，」賓州大學生物分子考古學計畫的科學總監、《古代葡萄酒：追溯葡萄種植之始》（*Ancient Wine: The Search for the Origins of Viniculture*）一書的作者 Patrick McGovern 表示：「當我們檢測古時雙耳尖底酒瓶中殘存的葡萄酒時，從未發現任何足量的硫能證明是刻意添加的。」

任職於法國隆河省（Rhône）高盧羅馬博物館（Musée Gallo-Romain de Saint-Romain-en-Gal）的 Christophe Caillaud 也同意：「古人將天然硫磺運用在不同的地方。羅馬人用它來淨化與消毒，正如老普林尼提及的，龐貝古城的漂洗工以此漂白衣物。古羅馬政治家老加圖（Cato）也提到如何用它來對抗毛毛蟲的侵襲，以及做為葡萄酒瓶的塗層，但似乎沒有用硫磺當做葡萄酒防腐劑的紀錄；後者是從 18 世紀起，尤其在 19 世紀時開始盛行。」

我也請到協助阿爾卑斯山自然酒農的考古生態學家 Hans-Peter Schmidt，他的結論也相當類似。「葡萄酒作家常引用荷馬、老加圖與老普林尼的文字，可是除了老普林尼在《自然歷史》一書（第 14 冊第 25 章）錯誤地引用了老加圖（《關於農業》一書第 39 章）的話，三人的書與葡萄酒都沒有具體的關連。當然這尚須更多時間與研究來證明，但我認為在希羅時代，硫磺應該還沒用來幫助葡萄酒保存或消毒容器。」

反之，羅馬人倒是會使用不同種類的添加劑（像是植物調製品、瀝青和樹脂）來調整葡萄酒的問題或改善葡萄酒品質。正如古羅馬作家 Columella 在《有關農業》一書中提到：「能以天然本色帶給人歡愉的才是最優異的葡萄酒；因為它們沒有被任何東西掩蓋住原本的味道。」

我能找到最早引用「葡萄酒加二氧化硫」的文獻，來自中世紀的德文文本。當中提到以二氧化硫消毒木桶，這與葡萄酒保存無

關。「硫化物約莫於 1449 年引進德國，當時便有許多人企圖控制其使用量，」美國有機葡萄酒生產者 Paul Frey 指出，他對二氧化硫相關問題有極為深入的研究。這導致科隆在 15 世紀完全禁用硫化物，原因在於「它侵犯了人類的天性並折磨飲者」。約莫同時，德國皇帝下令禁止「葡萄酒的摻假狀況並嚴格限制在木桶中燃燒硫化物的做法。這僅能使用在髒木桶的消毒上，這樣的做法也以一次為限，超過此限便會受到法律懲處，」Frey 接著說：「而且每噸葡萄酒的硫化物用量不能超過 0.5 盎斯。」這約等於每公升 10 毫克，也是今日用量的最低標準。

我們能確定的是，到了 18 世紀末，燃燒硫磺芯——荷蘭商人發明的做法——用來保護與穩定桶中的葡萄酒（以便運輸）十分常見。但即便當時人們都有所遲疑。「我找到我曾祖父 Barthélémy 在 1868 年留下的筆記，當時他便已經對酒中使用葡萄酒一事提出質疑，」波爾多少數碩果僅存的自然酒農之一Jean-Pierre Amoreau 表示。他的酒莊 Château Le Puy 過去四百多年都以有機耕作，自 1980 年代起更生產無二氧化硫的酒款。「但當時他所使用的是基本的硫元素。」

到 19 世紀，一切都改變了，煉油廠大量出現，進而發展出石化工業。突然間，二氧化硫唾手可得。加上 20 世紀初英國發展出不同形態的交付機制，像是液狀的 Campden Fruit Preserving Solution 與固態的 Campden Tablet，這為二氧化硫的未來奠定基礎。如今二氧化硫已經可以直接加入葡萄酒中，而且成為相當普遍的做法。

上圖：
許多自然酒農絕不添加二氧化硫，其中之一便是 Henri Milan。他以蝴蝶為酒標（如上圖），其紅白酒都完全不含二氧化硫。

# 品嘗：用你的眼睛啜飲

「你知道最誇張的是什麼嗎？全球各地的飲酒者依舊認為酒液清澈才是品質的最佳保障。這真是荒謬無比。只要把葡萄酒倒進過濾器，它就會很清澈了！」

Pierre Overnoy，法國侏儸產區自然酒農

上圖：

即便葡萄酒界普遍清楚，由桶中抽取的樣本葡萄酒因著自然演變過程，總是以混濁樣貌呈現，但在裝瓶時若仍混濁，有時便會被（錯誤地）認定是有問題的。

當我在 2013 年秋天前往侏儸與自然酒傳奇人物 Pierre Overnoy 見面時，他說了上述那段話。即便荒謬，但形勢比人強，人們確實是用眼睛來吃喝的，這對葡萄酒來說問題就大了。我經常在葡萄酒競賽中，遇到評審認為凡酒液不清澈便必須排除，不論品質好壞。同樣的，多年來，若是葡萄酒農釀出的酒款與官方預期的有所差距時，也會被當地葡萄酒委員會外銷承辦機構找麻煩（見〈圈外人〉，頁 108-109）。正如法國羅亞爾河區自然酒農 Olivier Cousin 所言：「這很困難，因為我們的葡萄酒未經過濾，因此會有殘存物。這個產業創造出一種『完美葡萄酒』該有的刻板印象，因此我們的酒款被認為是不完美的。但我們的其實才是真正完美的葡萄酒，因為它們是純正的葡萄汁。」

葡萄酒來自葡萄，一經壓榨便會出現果肉、葡萄皮、活或死的微生物等殘留物，這類殘留物會隨時間沉澱，清澈的葡萄酒可以經換桶而後裝瓶。有些酒農，像布根地的 Gilles Vergé 則會等待多年後才裝瓶，以確保葡萄酒完全沉澱。有些人則在沉澱過程完成前便裝瓶（通常是因為資金緣故），使得酒液有些渾濁。有些甚至是刻意與死酵母一同裝瓶，釀製出相當混濁的葡萄酒，如傳統的義大利氣泡酒 col fondo prosecco。此外，隨時間演變，即便是最清澈且具生命力的葡萄酒也會產生沉澱物。多數一般葡萄酒生產者會額外添加助劑或以澄清與過濾等方式加速葡萄酒的沉澱過程，創造出他們認定消費者想要的酒款。基本上，葡萄酒農要面對三個選擇：長時間、混濁或人工干涉。

雖然酒液混濁有時確實是因為酒有問題造成的（或許是因酒液再次發酵，則酒中會出現難聞的氣息），但多數時候並非如此──正如帶

有沉澱物的蘋果汁。實際上，在品嘗某些混濁的自然白酒時，若先將酒瓶搖一搖，讓沉澱物分布均勻，更能讓葡萄酒增添質地、口感深度與整體均衡，或許可以用「讓骨頭增添點肉」來形容。你可以試試：先倒出一些在酒杯中，輕搖酒瓶後再嘗一次。你可以用這樣的方式品嘗自然微泡酒（pétillant naturels）、col fondo prosecco，或年份更老且未經過濾的白酒。（不過不要用同樣方式對待老紅酒或波特port，因為這些酒款的沉澱物較大，最好用換瓶方式移除。）

我們當中不少算是品酒老手。一旦聽到一些關鍵字（像是產區或品種）時，便開始搜尋腦中的葡萄酒資料庫，以這些知識做為品酒的依據，其中一個重要的評斷條件來自視覺。這對品評酒款的影響之大，甚至會改變我們從葡萄酒中所品嘗到元素。我曾經在一場盲品會（品飲者無法看到酒標）中，在一瓶麗絲玲（riesling）中加入無味的紅色食用色素。在場的都是相當資深的品酒專家友人。毫無例外，每個人都以為這是粉紅酒，甚至能從酒中找到紅色漿果氣息。

品酒時，我們非常容易被酒的外觀影響，在沒有外在條件的幫助下，人們很難辨識氣味。你可以在家裡試試看：請朋友將核果與水果乾切碎，越細越好，使它們不易辨識。接著矇住雙眼，請朋友一匙一匙地餵你。你會發現要分辨出兩者實在不容易。視覺的影響是如此之大，想要真正與氣味有直接連結，便必須抽離視覺的影響，單單專注於口中的氣味。這是需要訓練的，久了你就會記住單一的味道。

下圖：
先品嘗酒再決定你對一款酒的想法。你會驚訝於許多人常在看到酒瓶樣式、重量、酒標或酒液的外觀當下，便決定這款酒嘗起來應該如何。葡萄酒的外觀與品質完全無關。

# 品嘗：可以期望什麼

「對自然方式的崇尚是一條道路而非終點。我的目標是創造出真正表現出在地風味的葡萄酒，這是可以不經由人為修改而達到的目標。」

Frank Cornelissen，西西里埃特納火山坡上的自然酒農

試想當一致性勝過一切時會是什麼情景？舉例來說，未經殺菌的布利乳酪（Brie）對你而言代表什麼？工業化生產的卡門貝爾乳酪（Camembert）是否更像那些經過高度加工的乳酪，而非最初那口感無比濃稠、讓全球為之瘋狂的乳酪？以至於 1990 年代當歐盟決定禁止未經殺菌的乳酪時，遭到極大的反對聲浪。正如當時英國威爾斯親王所說：「這讓任何真正的法國人或其他人大感驚惶……對他們來說倘若無法自由選擇那些人類精心創造出來（尤其是法國人），美味無比但未經殺菌的食物，那麼生命便毫無意義了。」

## 因此，請試著將葡萄酒想成乳酪

倘若我們以此為出發點，便能以不同方式來體驗葡萄酒；不僅因為葡萄酒中有活的微生物存在，因此與經殺菌、高度加工方式製造出來的食品有所不同，我們也會更能接受因其「具生命力」所展現出的不同表現。倘若曾經嘗試紅茶菌（kombucha，一種經發酵含有酵母菌及活細菌的飲料）你便會了解我的意思。第一次品嘗時你會大感驚奇；後來你知道一開始它喝起來帶著甜味，但接著會出現明顯的酸度還會帶著些許氣泡。一旦了解這是此種茶的特徵，你便會放心開始享受口中的飲料。這是因為未知是可怕的。至於葡萄酒就更為複雜了，因為我們以為自己對它相當了解，其實不然。我們所喝下的多數酒款，與自己以為所喝下的有相當的距離──人多半充滿成見。

也因此，享受自然葡萄酒最好的方式是將自己對葡萄酒的了解放在一旁，重新開始。

上圖：
Le Casot des Mailloles 酒莊的 Alain Castex 在佩皮尼昂（Perpignan）舉辦的 Via del Vi 自然酒會中享受品飲之樂。在此，你絕對能遇上隆格多克－胡西雍產區一些最佳葡萄酒生產者。

對頁：
這些橘酒外觀剛開始確實會讓人覺得有些不尋常。

本頁與對頁：
自然葡萄酒常因其優雅與柔順的的口感著稱。這款來自炎熱氣候的葡萄酒，是移居法國的南非紐西蘭人 Tom Lubbe 也是胡西雅酒莊 Matassa 的莊主（上右）所釀製，他將這些特性發揮得淋漓盡致；來自冷涼氣候的布根地葡萄酒農 Gilles Vergé 也是如此（對頁）。

## 自然酒嘗起來不同嗎？

　　常有人問我自然葡萄酒品嘗起來是否有所不同。要為此下一個粗略的結論是很困難的，因為自然酒極具多樣化，當你品嘗了本書第三部〈自然酒窖〉（頁 131-205）談到的酒款後，便會有相同的體驗。當然，它們之間確實也有一些共同點，舉例來說，所有優異的自然酒都極具活力（有時甚至讓人有觸電的感覺）並充滿情感。它們表現出更豐富的口感，通常也更加純淨。多半不會帶有過度明顯的橡木氣息，也不會有過度萃取的情況。以極為輕柔的方式釀製，酒農常將發酵過程稱為泡製。事實上，當我撰寫至此，不禁想起咖啡與自然酒的相同之處。美味無比、經過輕烘培的咖啡豆，要比那些快速、粗暴萃取的濃縮咖啡機表現出更多的香氣（香味與酸度）與複雜的質地（油脂）。這樣輕柔而優雅的咖啡與自然葡萄酒相似。

自然葡萄酒通常也會帶著討喜而略帶鹹味的礦物氣息，這是自然酒農採取的農耕方式造成的。葡萄樹根被鼓勵向下往岩床生長，吸收具生命力的土壤中的礦物質。與土壤的實際連結意味著自然酒在酒質上比一般葡萄酒有更多變化。酒液的質地觸感相當不同，讓人幾乎可以用吃來形容品嘗葡萄酒的過程。此外，由於自然酒不經澄清與過濾，而是透過等待讓酒液穩定與沉澱，更加顯現出自然酒與其他酒款的不同。

或許更重要的在於法國人所謂葡萄酒的可消化度（digestibilité）。我們（特別是葡萄酒界人士）常常忘記葡萄酒是用來喝的，在品評葡萄酒時，美味度應該是最重要的要素。我們可以確定的是，所有好的自然葡萄酒都應該十分易飲。當中會帶著所謂的鮮味（umami），讓你分泌唾液，進而想要喝更多。當你了解多數自然酒農所釀製的葡萄酒，許多都是為了給自己飲用而非為特定族群所創造，也就不會覺得太過意外。總而言之，自然葡萄酒多數都相當輕柔而空靈，品嘗過的人多半都會讚賞酒款新鮮、易親近的特質。

它鮮活的特質，讓我們自然而然將之當作人來形容。有些日子它們會比較開放而大方，有時則封閉而羞澀。有些人將這樣的變化視為缺乏一致性，這是一種認知錯誤。一款好的自然酒，絕對有相當的品質保證，但香氣的變化——開放或封閉——則每日或依據葡萄酒與空氣的接觸比例有所不同。也因此，假如你覺得某款葡萄酒這次品嘗時沒有上一次印象中那般飽滿，我建議隔日再飲用，因為酒款可能會因此有亮眼表現。自然酒與一般葡萄酒的不同，在於後者表現年年如一，開瓶後 24 小時會變得十分封閉。自然酒的變化較為微妙，而且開瓶後壽命也較長（見〈常見誤解：葡萄酒的缺陷〉，頁 81-83）。

自然葡萄酒通常會帶著討喜而略帶鹹味的礦物氣息。這是由於自然酒農採取的農耕方式。葡萄樹根被鼓勵向下往岩床生長，吸收具生命力的土壤中的礦物質。

# DANIELE PICCININ
## 談精油和酊劑

大多數的葡萄酒農，都會在葡萄園中使用波爾多混合劑（Bordeaux Mix），這是一種混合了銅與二氧化硫粉的藥劑。這對黴病的治療相當有效，卻有害於環境，原因在於銅是一種會在土壤與地下水中累積的重金屬。葡萄園中要完全不用這種混合劑是困難的，因為土壤必須富含養分且非常平衡；而真菌會在土質不平衡的情況下繁茂倍增。

我們想要找到方法取代波爾多混合劑已久。有一天，在不經意間，我遇到了一位以植物治療人體真菌感染的專家。我們討論起精油與植物蒸餾的話題，加上我對自然動力法的理解，我們開始創造出以不同植物提煉出來的精油與酊劑（tinctures），來幫助重整葡萄園整體的均衡。

這就是故事的緣起。

## 萃取

植物富含油脂，迷迭香、鼠尾草、百里香、大蒜與薰衣草都能放入銅蒸餾器中萃取出精油。其他像是蕁麻、馬尾草以及犬薔薇（*Rosa canina*）則富含多種物質，但不含油份。犬薔薇富含維他命，並能有效幫助身體

> Daniele Piccinin 擁有 5 公頃的葡萄園，位於義大利的 Verona。他種有多個葡萄品種，包括 durella，又名 la rabbiosa，意思是「令人生氣」，原因在於其高酸度。

吸收鈣質，因此相當適合更年期婦女。但因為無法用萃取精油的方式提煉這些植物精華，因此便必須以加熱及酒精來製作酊劑。

要製作酊劑，首先必須創造出生命之水（eau de vie），也就是以銅蒸餾器兩次蒸餾葡萄酒。這樣的結果類似於干邑（cognac）的釀製，酒精純度（proof）在 60～65% 左右。將草本植物或花卉浸製在酒精中約 60 天，之後壓榨並將汁液放在一旁。

將剩下的固體殘餘物曬乾，接著開始燃燒過程。我們用的是室外的披薩烤爐，溫度在 350～400℃ 之間），這會使這些藥草變為煤渣。一開始它們被燒黑，正如烤肉的木炭般，然後轉為灰色，最後則呈白色。最令人驚訝的，是這些白色灰燼所帶有的鹽分。我第一次嘗它時，幾乎無法置信，因為所有植物中的水與碳都被燃燒殆盡，剩下的是礦物鹽。

最後，將這些灰燼放入先前流下的液體中，浸製 6 個月。之後你就可以使用此酊劑於植物與人身上。

如此燃燒植物以萃取其最純粹的質體，是一種十分古老、名為鍛燒（calcination）的煉製術，是煉金術中廣泛使用的技巧。在義大利，我們稱之為 spagyria，意即移除各樣無用的物質。將植物中的碳全然燒盡，剩下的便是植物的原始物質，它集濃縮植物本質於一身，力量強大。精油也是如此，將一滴純迷迭香精油滴在舌頭上，其味道之強烈，會讓你在之後的六小時完全無法品嘗其他東西。

酊劑與精油所需的劑量相當有限。30 公斤的迷迭香能提煉出 1 公升的蒸餾水與 100 毫升的精油。聽起來不多，但是用來噴灑葡萄樹，我一次僅需 5 滴，加上 100 毫升的植物蒸餾水，混合在 100 公升的自來水中。單次的蒸餾可以使用在四次的採收上，因此你可以每年蒸餾一組植物，隔年再處理另一組。

我們第一次嘗試噴灑時結果並不理想，因為藥劑並未能在葉子上停留夠久以帶出任何功效。但是我們接著嘗試加入黏度較高的蜂膠，最後還加上松脂，這樣一來黏度更高且抗水性極佳。

這是一種緩慢的過程，需要花時間才能臻至完美。但是那些僅用精油與酊劑噴灑的葡萄園區塊，絕對比其他區塊更具抵抗力。不過我們每年還是會損失部分收成，而且仍須防範那些直奔灑上精油與酊劑葡萄樹的野豬與鳥類。

上圖：
浸泡在生命之水中的玫瑰果酊劑。

右圖：
Daniele Piccinin 的披薩烤爐，他用來燒煉有益植物。

# 常見誤解：葡萄酒的缺陷

「釀製優異的葡萄酒就是與葡萄酒的缺陷調情。」　　　　　　　　Paul Old，法國隆格多克釀酒師

有些人錯誤地認定自然葡萄酒總是問題百出。當然，自然酒中會有一些標準不合格的酒款，其中不少是因為在低程度人工干涉的情況下處理不當所出現的問題。畢竟，即便是自然酒仍無法免疫於不專業的釀酒師。然而，真正壞掉的自然葡萄酒很少見，喝到許多完美自然酒的機會比遇上一瓶壞掉的自然酒機率相對大很多。

以下是一些最常誤認為是自然酒缺陷的徵兆，遇上時無須驚慌，因為它們都對人體無害。要判斷葡萄酒是否出了問題，最好的方式就是想想自己是否喜歡，假如答案是肯定的，那就放心喝下。

**酒香酵母**（Brettanomyces）：一種可能會在葡萄園與酒窖中占據主導地位的酵母菌，它會產生一些容易讓人聯想到農場的氣息。過多的酒香酵母會壓過葡萄酒原有的氣味。酒中帶著略微的酒香酵母氣味是好還是不好，在不同文化中有不同的觀點。舊世界普遍對此較具包容度，因為這被視為葡萄酒風格的一部分，同時也增添了複雜度，但若對澳洲生產者提及酒香酵母，他們則避之唯恐不及。＊

**鼠臭味**（Mousiness）：這類細菌會在葡萄酒暴露於氧氣時產生，特別是換桶與裝瓶時。一旦葡萄酒回到無氧的狀態，這種細菌便停滯於酒中，而葡萄酒的風味頓失。鼠臭味在葡萄酒的酸鹼範圍內不具揮發性，但在口中品嚐時就會感覺到。鼠臭味的特徵是尾韻產生的酸敗牛奶味，那會維持很長一段時間。一般人（包括我）對此或多或少都有些敏感。南非自然酒農 Craig Hawkins 的解釋是，鼠臭味與較高的酸鹼值有關。＊＊

**氧化**（Oxidation）：這應該是被人誤解最深的葡萄酒問題了，原因在於許多人濫用了氧化一詞。氧化對酒來說是一種缺陷，但是「氧化風格」則否。不少自然葡萄酒帶著氧化風格，但真正氧化的是少數。具氧化

上圖：
鼠臭味來自葡萄酒與氧氣的接觸，這隨時都可能發生，但特別容易在換桶與裝瓶時期。

風格的葡萄酒釀造方式包含使葡萄酒暴露於氧氣中，有時甚至長達多年。二氧化硫含量低或不含的自然葡萄酒（特別是白酒），當然較容易接觸到氧氣，因此也容易出現氧化風格。這些酒款通常口感表現較為寬廣，帶著些許新鮮果仁與蘋果氣息，還有較深的黃色。這些特徵不代表酒有問題（見〈自然酒窖：白酒〉，頁 144-161）。*

**酒液黏稠**（Ropiness）：酒液黏稠相當少見。這其實是因為某些乳酸菌株串聯起來，使葡萄酒變得濃稠具油性──也因此法文稱之為葡萄酒的油脂（graisse du vin）──不過酒的口感倒是不會改變。正如自然酒農 Pierre Overnoy 與 Emmanuel Houillon 對我解釋的，他們所有的葡萄酒都曾在不同時期出現酒液黏稠的現象，但最終都恢復正常的樣貌。有時在瓶中也會出現這樣的狀況，不過，仍都隨時間得到改善。**

**揮發酸**（Volatile Acidity, VA）：以公克／公升為單位，聞起來通常很像指甲油。酒中含量有受到規範，例如法國法定產區（appellation）葡萄酒中揮發酸每公升不得超過 0.9 公克。但葡萄酒不僅是單用數字就可以解釋的，一切都得整體考量。即便一款葡萄酒的揮發酸相當高，依舊可以表現完美；只要酒中香氣的濃郁度夠高得以支撐即可。*

**其他特殊物質**：倘若自然酒中有細微的二氧化碳泡泡出現，不用擔心，這是因為有些酒農特別選擇將自然生成的殘餘二氧化碳一起裝瓶，因為這可以幫助保存葡萄酒。假如葡萄酒是在所有糖分完全發酵前裝瓶，二氧化碳也可能在瓶中自然生成，也就是說，葡萄酒可能會再次發酵。假如葡萄酒味道不錯，便毋需擔心。不然你也可以在開瓶後搖瓶去除這些泡泡。酒石酸結晶體（tartrate crystals）有時也會出現在瓶中，尤其你將白酒或粉紅酒長時間冷藏的話。這類結晶體在採用一般釀酒法的酒莊裡會定期以冷凝法去除，自然酒農則不會這麼做。酒石酸結晶體是無害的，就只是天然的塔塔粉（cream of tartar）。**

那麼，下一次當你遇上酒中出現的這類缺陷時，可以自問：是喝一款帶點酒香酵母氣息或揮發酸的酒好，還是經 200 % 全新橡木桶熟成（釀酒過程中使用兩次新桶）的好呢？是要帶有氧化氣息的酒，還是要無缺陷、風味單調的酒款？複雜與缺陷其實僅一線之隔，畢竟，有個性也意味著與眾不同。對我而言，有個性要比乏味而重複性高的產品來得有趣。

上圖：
我拍攝的一款自己正在喝的葡萄酒中所出現的無害酒石酸結晶。我通常會把它們撿起來吃掉。你可以試試看，它們帶著檸檬般的爽口酸度。

* 也可說明此非自然酒專屬的缺陷。

** 多半僅會在採用自然方式處理的酒款出現。

# 常見誤解：葡萄酒的穩定度

飲食作家 Michael Pollan 在他最新力作《烹》（*Cooked*）一書中提到一則令人大感驚奇的故事：一位康乃狄克州製作乳酪、擁有微生物學博士學位的修女 Noëlla Marcellino 做了個實驗，證明一個充滿細菌的環境可能遠比無菌環境更為穩定。她製作了兩個相同的乳酪：其一用的是老乳酪桶，其中帶著活的乳酸菌；另一個則為無菌的不鏽鋼桶。她在兩者中都注入大腸桿菌，最後發現，在木桶中的有菌環境下，桶內的細菌很快地進駐乳酪中，保護它不致受到外來侵擾；然而無菌的環境則成為大腸桿菌肆無忌憚的繁殖溫床，原因便是其中缺乏防衛的軍隊。

這或許與葡萄酒有著異曲同工之妙。隨著時間的改變，具生命力的葡萄酒自然能找到在微生物環境中的均衡點，因而比多數受到「保護」、充滿防腐劑的一般葡萄酒更具耐力。葡萄酒不需要另外添加防腐劑才能穩定；葡萄中已然擁有發酵時所需的元素，並能隨時間自然達到穩定。倘若釀製得當，一旦自然葡萄酒開瓶後，它們會比一般葡萄酒來得穩定，得以在冰箱中維持幾週的壽命。當然，它們的香氣會隨時間而改變，但不見得是走下坡。我甚至喝過一些開瓶一週後口感更勝於剛開瓶時的酒款。

總之，自然酒是一種具生命力的葡萄酒。它們比我們想像的更具耐力，但是，為了安全起見，請溫柔以對：把它們放在涼爽的地方，避免接觸火爐或日曬，這樣便不會出問題。

上圖：
自然葡萄酒具有長時間陳年的實力，原因或許在於內部的微生物環境。

對頁：
葡萄酒會隨著時間趨於穩定，這也表示有些酒款會在酒農的酒窖中陳放數年或數十年。在法國，這樣的過程稱為培養，與扶養小孩長大是同一個字。

「具生命力的葡萄酒是穩定的，即便在顯微鏡下或許並非如此。它們必須以自己的節奏完成內部的循環，如此一來，當它們上市到客戶端時，已然成熟。正如乳酪的熟成一般，太早吃，口感便不會那麼理想。」

Nathalie Dallemagne，羅亞爾河區 CAB 組織葡萄種植與釀造技術顧問

左圖：
羅亞爾河流域自然酒農暨環保人士 Olivier Cousin 常由 TOWT（TransOceanic Wind Transport）以帆船運送酒款，這些船隻沒有溫控設備。葡萄酒放在船身中保持涼爽，有時會經數月的海上運行。

## 自然葡萄酒的運送

不同於某些葡萄酒界人士所言，自然葡萄酒並沒有所謂的運送問題。酒農經常將葡萄酒運送到遠方的國家，有時是用冷藏貨櫃，有時則在炎熱日曬下經一般船運輸送。

葡萄酒會隨時間而臻至穩固，這也意味著要節省成本，妥協是無可避免的——通常犧牲的不外乎葡萄酒的陳年能力或是天然程度——而這只能藉由添加劑或加工方式達成目的。「我們酒莊的較老酒款並沒有穩定度的問題，」Saša Radikon 表示；這位義大利自然酒農的陳年酒款中沒有添加二氧化硫。「我們剛要推出 2007 年的葡萄酒，這些酒有六歲了，很穩定也很成熟，即便經歷了溫度的劇烈變化，只要給它們一些時間，便有能力恢復到原本的狀態。有些進口商是在盛夏 7 月船運這些葡萄酒，抵達目的地後，只需給這些酒兩星期時間便能恢復完美狀態。但是年輕酒款就很困難了，它們的架構還不完整也不夠穩定，倘若粗暴以對，酒質便會惡化。」對此，Saša 的解決方式是在年輕酒款裝瓶時，每公升添加 25 毫克的二氧化硫。

## 自然酒與陳年

並非所有的自然葡萄酒都適合陳年，事實上，許多易飲型的酒款都以能大口暢飲為釀製目的，需儘早飲用。然而市面上也有不少自然酒可以陳年。我個人就有不少窖藏，像是 15 歲的 Casot des Mailloles Taillelauque、1991 年的 Gramenon La Mémé，以及 1990 年的 Foillard Morgon。別忘了，多數葡萄酒向來都是自然或偏向自然的，直到不久前才有所改變（見〈現代葡萄酒〉，頁 12-15）。像最近我喝的 1969 年 Domaine de la Romanée Conti Echezeaux，口感不僅鮮活美味，還是不經額外添加的自然酒。陳年的酒款相當稀少，但你依舊能嘗到老年份的波爾多葡萄酒像是 Château Le Puy，當中不少是釀製於 20 世紀初！

上圖：
許多自然葡萄酒都能經多年窖藏而不成問題。

葡萄酒會隨時間而臻至穩固，這也意味著倘若你
想節省成本，犧牲某些部分是無可避免的……

# 健康：自然酒對你比較好嗎？

「健康的土壤、植物、動物和人是密不可分的。」　　　　Albert Howard 爵士，有機運動倡導者

上圖：
喝一杯富含抗氧化物的葡萄酒對健康有正面影響。

對頁：
簡單說來，紅色蔬果像是葡萄、番茄、紅椒、茄子都有高含量的抗氧化劑。

　　簡單來說，自然酒含有較少的合成物質，也因此，自然酒對人體來說應該比較好，這點似乎不令人意外（更不用說一般葡萄酒所使用的添加劑許多都沒有受到法律規範）。不過，目前很少有針對葡萄酒對人體健康影響的研究，針對自然葡萄酒的當然相對更少。

　　儘管如此，自然酒迷（包括我在內）多半會提到一點：相較於一般葡萄酒，自然葡萄酒比較不會讓人感到頭痛。因為自多年前捨棄了一般葡萄酒不喝後，我便沒有再經歷過頭痛欲裂的情況。此外，科學也證實了這個說法。要真正了解這點，首先我們必須清楚造成宿醉頭痛的原因。宿醉是因為身體脫水而造成的，而在我們肝臟所發生的事十分有趣。人體吸收的一切都是由消化系統做分解，並送到肝臟交由酵素處理與測試，好成分會釋放到血液中，含毒素的成分則由尿液或膽汁排出體外。

　　酒精，或者更明確的說法是乙醇，便是這樣的毒素。它在胃裡被吸收，接著進入肝臟，它們被辨識為毒素，接著必須以排泄方式處理掉。肝臟中有一組酵素會將酒精轉化為乙醛；另一組則藉由麩胱甘肽（glutathione）的幫助將乙醛轉化為醋酸鹽，較容易被身體排除。問題在於，當我們喝酒時，麩胱甘肽會逐漸消耗，使大量未經處理的乙醛進入血液中。乙醛的毒素比酒精高出 10～30 倍，進入人體時便造成頭痛與暈眩。

　　簡而言之，麩胱甘肽是人體分解酒精不可或缺的元素，問題在於它對二氧化硫也相當敏感，正如 1996 年南安普敦大學（University of Southampton）人類營養學系所做的「二氧化硫：麩胱甘肽的消耗劑」論文中指出的。倘若這個理論正確，便意味著二氧化硫含量低很多的自然酒相對容易被肝臟分解。

羅馬大學醫學系臨床營養學與營養基因體學系（研究食物如何影響人類基因）的全新研究中也支持這個理論。此研究的指導教授 Laura di Renzo 在 2013 年秋天對我解釋：「我們比對了 284 組基因分別在消耗了兩款葡萄酒前後的差異——一款沒有二氧化硫，另一款每公升含有 80 毫克。在兩個星期中搭配不同的餐食，我們測試了這些葡萄酒對受試者基因的的影響，最後有兩個重要的發現。首先，飲用自然酒會降低血液中的乙醛含量，這是因為負責分解乙醛的乙醛脫氫酶（ALDH）在血液中開始發揮功用。另一個發現則在於 LDL（一種將膽固醇運送到全身的蛋白質）的氧化，這也表示受試者體內受到氧化的壓力。我們發現基本上『壞膽固醇』在你喝下不含二氧化硫葡萄酒時數量較少。這些都是相當重要的發現。」

更重要的是，葡萄本身也更為健康。根據加州大學戴維斯校區在 2003 年的研究報告顯示，有機水果相較之下含有 58% 以上的抗氧化多酚。義大利 Conegliano 農業研究與實驗機構的 Diego Tomasi 博士近來更發現，沒有使用合成農藥、整地、整枝、除葉過程的葡萄，比一般葡萄含有更多的白藜蘆醇（resveratrol，一種葡萄酒中含有的抗氧化劑）。

釀酒師 Paco Bosco 認為這是因為葡萄樹的適應力較強。他花了兩年的時間在西班牙 Utiel Requena 產區的 Dagón Bodegas 完成碩士學位。Dagón 沒有在葡萄園施灑任何藥物，過去二十年也沒有整枝或犁地，這樣的結果是葡萄具有高含量的白藜蘆醇。「甚至比被認定為白藜蘆醇含量最高的內比歐露（nebbiolo）葡萄品種還要高出兩倍！」Paco 表示：「白藜蘆醇來自二苯乙烯（stilbene）家族，是植物的抗體，有天然的防禦作用。一旦植物遭受真菌或病蟲害之類的攻擊，便會派出二苯乙烯到遭受攻擊的區域來擊退侵襲者。」結果是更健壯的植物、恢復力強的果實以及較具健康成分的葡萄酒。一般釀酒時採用的澄清與過濾程序，會將不想要的物質移除，但同時也去除了像白藜蘆醇等的好東西，這是 Dagón（與其他自然酒農）所極力避免的。

正如加州自然酒農 Tony Coturri 不久前所說的：「人不能一直加東西到身體裡。你會開始有過敏反應、皮膚會出問題、免疫系統也會崩壞。我已經老到足以認識那些長年喝葡萄酒最後卻都不能再喝的人。問題不在於葡萄酒，而是其中的添加劑。」

上圖與對頁：
有機種植的水果自然比較健康，原因之一在於沒有殺蟲劑的污染（正如上圖 Troy Carter 的野生蘋果，他用來釀製蘋果酒——見 129 頁，或是對頁中美國加州 Old World Winery 的 Darek Trowbridge 也正在幫忙 Troy 撿地上蘋果時一邊摘採的野生葡萄）。此外對葡萄而言，更重要的是果實中會擁有的高量多酚，正如在西班牙 Dagón 酒莊的實驗中證明的。

# OLIVIER ANDRIEU
# 談野生菜

每種植物都會產出自己的真菌。橡木會生出松露，葡萄樹也有自己的菌菇。這些真菌類植物能幫助葡萄樹吸收 oligo-éléments（微量元素如硼、銅、鐵）以及土壤中的礦物鹽。它們將之傳送到葡萄樹中。反之，這些真菌則利用葡萄樹來獲取澱粉，因為它們無法自行進行光合作用。這是互惠的交換動作，也是所謂的共生關係。

更有意思的是，這些菇類會在土壤中產生菌絲使植物得以相互連結，最終，在整塊土地裡形成了網絡。一位松露搜尋家上週才提到，他所找到的一株蘑菇菌絲綿延數公頃串聯了幾乎整個樹林。所有的樹木都是相連的；透過一株蘑菇，得以相互傳遞信號。我們認為葡萄樹也是如此。

我們盡力支持這樣的連結。在些許調整之後，我們真的發現葡萄園中出現一種平衡的狀態。葡萄樹變得更有抵抗力，更具光澤，果實也十分優異，有點像是野生葡萄。你能感覺到這些葡萄是來自沒有過多壓力的葡萄樹。倘若你接管的是一般噴灑農藥的葡萄園，園內便不會有共生現象，也沒有生命跡象。因此你必須先讓其他野生植物生長，

> 法國南部隆格多克產區的 Clos Fantine 屬於三個手足：Olivier、Corine 與 Carole Andrieu。他們擁有 29 公頃的葡萄園，種有慕維得爾（mourvèdre）、阿拉蒙（aramon）、鐵烈（terret）、格那希（grenach）、仙梭（cinsault）、希哈（syrah）與卡利濃（carignan）。

才能創造出生物多樣性。我們的葡萄園中有成群的黃蜂，一旦黃蜂過境，葡萄樹便不會有蛾幼蟲的問題。或許黃蜂是牠們的天敵，或兩者就是合不來。總之，我們任野草生長的結果便是吸引黃蜂來巡邏葡萄園，因此我們沒有蛾幼蟲的問題。

我們也有超過 30 種野生生菜與可食用植物與葡萄樹一同生長。有的偶爾會長出來，有的具季節性，其他則是年生植物；春雨過後是它們最好吃的時候。以下是部分我們種的植物：

**莧菜**（*Amaranthus*）：並非此區原生，它們在 16、17 世紀曾經商業化栽種，現今則為野生。我們吃的是植物的首批產物：花朵頂端，當其年輕而呈黃色時。

**白玉草**（*Silene vulgaris*）：葉子相當甜美，

正如洋槐花。

鴉蔥（*Allium vineale*）：外型與一般的蔥類似，但體型較細小。我們運用其球莖與葡萄酒醬汁一起烹煮，或將葉子像韭菜一般切細，為魚類料理增添香氣。

西洋蒲公英（*Taraxacum officinale*）：整株蒲公英都可食用，但我們最喜歡的是年輕的嫩葉。

金盞花（*Calendula officinalis*）：花本身相當美味，宛如番紅花。它為沙拉增添色彩，你也能將花朵用在湯裡。

草地婆羅門參（*Tragopogon pratensis*）：英文又可稱之為 meadow goat's-beard、Jack-go-to-bed-at-noon。我們吃根部，經烹煮後相當美味。可惜的是數量越來越少了。

琉璃草（*Umbilicus rupestris*）：在法國稱為「維納斯的肚臍」，因為它的外型很像肚臍。圓圓胖胖，葉子很清脆，很適合做成沙拉。

反曲景天（*Sedum rupestre*）：這是一種多肉植物，水分存在於葉片與黃花中。吃起來很像蝦子，我們會裹粉油炸來吃。

細葉二行芥（*Diplotaxis tenuifolia*）：我們把花拿來為沙拉或肉類調味，它們嚐起來像是青椒。有些是黃色，有些是白色。葉子與一般芝麻葉很像。

野生蘆筍（*Ornithogalum pyrenaicum*）：它們長在葡萄園邊緣。我們將它切小塊加入煎蛋捲或法式料理的燉小牛肉中。

野韭蔥（*Allium tricoccum*）：法文稱之為「葡萄園之蔥」。川燙過後，我們會沾著油醋醬來吃。

野生酸模（*Rumex acetosa*）：我們吃它的葉子，像菠菜一般川燙即可。

下圖：
Clos Fantine 葡萄園。
對頁：
該葡萄園中的反曲景天。

# 結論：葡萄酒認證

「這宛如要求一位能跳 2 公尺的跳高好手只跳 80 公分一般。」

Jean-pierre Amoreau，波爾多 Château Le Puy 莊主，回應對最新歐盟葡萄酒有機法規的看法

上圖：
兩位經認證的自然酒農在他們的葡萄園中：Didier Barral 來自經 Ecocert 認證的有機酒莊 Domaine Léon Barral，但他卻不在酒標或其他宣傳品上標示。

眾所期待已久的歐盟有機法規在 2012 年 8 月宣布，先前不包含在內的釀酒方式終於涵蓋在歐盟認證之中。即便這樣的法規是必須的，但多方面來說這份法規卻是一種倒退。因為法規中不但允許非有機添加劑的使用（包括單寧、阿拉伯樹膠、明膠與酵母菌），此外，據法國獨立酒農協會總裁 Michel Issaly 的說法，這也破壞了有機葡萄酒的整體聲譽。

Michel 在法規制訂過程中曾大力反對，對最後的結果更是大為震驚。「我們知道法規的目的在於使更多人能夠釀製有機葡萄酒，但我不了解費盡功夫創造出有機認證，最後卻落得與一般葡萄酒沒有兩樣，這樣的目的到底為何？三、四年前第一次看到法規檔案時，我相當震驚，他們怎能允許讓有機酒農努力維護的一切在有機釀酒過程中被系統化地摧毀呢？一些我認識的非有機酒農在酒中所用的添加劑大大少於有機認證酒農，也更尊重原物料。我很擔心最終葡萄酒飲用者會開始質疑有機的真正意義。」

這正是全球認證組織會遭遇的問題——不論是有機還是自然動力法。當然認證法規有助於葡萄園的管理規範，但在釀酒廠的監督上則功虧一簣。更重要的是，當你試圖瀏覽各個認證機構及其個別的組織章程時並不容易；即便隸屬同組織，但當你要比較各國法條差異時，這個任務更是棘手。

以自然動力法最重要的國際認證組織 Demeter 為例，美國與奧地利的 Demeter 不允許添加酵母菌，德國則允許。同樣的，美國農業部所制訂的有機法規表面上看來比歐盟法條要嚴格，因為美國不允許在歐盟有機條款中核可的 11 種添加劑。但再仔細看，美國卻允許使用在

歐盟、巴西、瑞士等國所禁止添加的溶菌酶（lysozyme）。

正因如此，許多優異的酒農選擇不被認證。原因之一在於，他們早已用比認證更為嚴格的條件來規範自己，因此不願花心力與費用在額外的行政作業上配合一個價值觀上無法認同的機構。「我們有考慮過認證，不過這過程不但困難且昂貴。有些認證機構要我們交上收入的1%，讓他們每年來做一次釀酒廠與葡萄園的年度審查，每次我們得再交 500～600 澳幣。我們沒辦法負擔這樣的費用，」澳洲 SI Vintners 的 Iwo Jakimowicz 這麼說：「我並不反對認證，但我說服自己不要接受認證。試想，為何沒有在葡萄園放置任何農藥的我，必須花錢請人認證，而在另一頭的葡萄園噴灑一堆東西，卻不用花一毛錢做認證？」

有鑑於以上認證單位的種種缺點，由酒農自行規範的組織像是 VinNatur 便提供了一個絕佳的替代方案。正如該協會總裁 Angiolino Maule 的解釋：「協會存在的目的，不在於懲罰而在教育。」他們積極撥款做研究，以幫助會員能夠以最好的方式管理葡萄園。該協會也是唯一有內部審查，以系統化測試會員酒款是否有殘存殺蟲劑的酒農協會。

不過，儘管並非完美，認證的存在仍然有意義，因為它幫助對酒農並不熟悉的飲酒者做出一定的保證，表示在認證的規範下，該款酒貨真價實。此外，這也提供酒農一種無價的組織架構。正如自然動力法專家與葡萄酒作家 Monty Waldin 所解釋的：加入認證也等於使酒農沒有退路，因為一旦遭遇困難，即便噴灑農藥的誘惑再大，他們也沒有別條出路而只能咬牙撐過難關。

上圖：
布根地 Recrue des Sens 酒莊的 Yann Durieux。該酒莊由 Ecocert 認證為有機並由 Terra Dynamis 認證為自然動力法酒莊。

儘管並非完美，認證的存在仍然有意義，因為它幫助對酒農並不熟悉的飲酒者做出一定的保證，表示在認證的規範下，該款酒貨真價實。

# 結論：對生命的頌讚

上圖：
傳統籃式壓榨機依然廣泛在自然酒釀造中使用。

對頁：
在隆河區 La Ferme des Sept Lunes 酒莊的採收工人；Le Petit Domaine de Gimios 酒莊，Lavaysse 一家的驢子；Pierre-Jean 與 Kalyna 一家在其托斯卡尼（Tuscany） Casa Raia 葡萄園。

葡萄園中的微生物是促使發酵過程成功的關鍵，也是讓葡萄酒釀製過程得以不藉外力支撐而順利完成的要素，因此在葡萄園中維持健康的微生物生態環境，對自然酒農來說是十分重要的任務。這類微生物會跟隨葡萄進入酒窖，改變葡萄汁，甚至進入葡萄酒中。也因此，自然酒可說是來自具生命力土壤的活葡萄酒。

真實的自然酒得以保護瓶中小宇宙的完整性，使其維持穩定而均衡。不過，自然酒的釀造卻不是非黑即白。正如人生並非永遠順遂，有時會遭遇問題，有時則有不得已的商業考量。有時，自然酒農是可能失去一切收成的，像是 Henri Milan 酒莊在 2000 年釀製這在全球極具知名度的無二氧化硫（Sans Soufre cuvees）酒款時，酒槽與瓶中的酒突然開始再次發酵，使其幾乎損失該年所有的葡萄酒。有鑑於此，些微的干涉──像是裝瓶時加入微量二氧化硫──便能給予酒農些許的安全感，也能在對葡萄酒品質有威脅的情況發生時微調微生物生存環境，但對葡萄酒僅產生些微影響。

更重要的是，在創造這類「毫無添加或移除」的葡萄酒時，需要相當的技術、知識與敏感度，但這並非每名自然酒農都有的意圖。像我，便在我所釀製的第一款酒中加入了每公升 20 毫克的二氧化硫，只因為太過擔心不加的後果。即便我的葡萄酒絕對不如 Le Casot des Mailloles 酒莊的 Le Blanc 酒款那般天然（見〈自然酒窖：白葡萄酒〉，頁 151），但它絕對比一般允許加入每公升 150 毫克二氧化硫以及商業酵母菌的有機酒款來得自然。

自然酒是一個連續體，宛如池塘中的漣漪一般。在正中央，是釀

「最優異的葡萄酒是那些能以其天然特質讓人得到品飲樂趣的酒款，其中沒有混雜任何會掩蓋其自然本色的物質。」
Lucius Columella，西元 4-40 年時期的羅馬農業作家

上圖：
許多自然酒農會使用原生葡萄品種（其中有些甚至相當稀少），因為這些葡萄通常都是最適合該地環境的品種，也是當地天然環境的一部分。

製完全自然酒款的酒農——毫不添加或移除。從中心向外移，添加物與干涉程度隨之增加，葡萄酒也越來越不天然。最終，漣漪消失在池塘中，而「自然葡萄酒」一詞不再適用，葡萄酒也進入一般釀酒法的範疇。

即便目前自然酒沒有正式的官方法規，但還是存在著一些接近官方的定義。這些是由不同國家的酒農團體所組成，包括法國、義大利與西班牙。這些具自我約束的品質憲章比有機或自然動力法官方認證單位來得更為嚴格（見〈結論：葡萄酒認證〉，頁 90-91），最基本要求是葡萄園必須以有機耕作，同時也禁止在酒窖中使用任何添加劑、加工助劑或重度人工干涉設備（見〈酒窖：加工助劑與添加物〉，頁 54-55）。唯一例外的是粗略過濾，大多數團體都允許這麼做；還有二氧化硫的添加，這則隨組織不同而有所改變。其中，法國 S.A.I.N.S.協會（見〈何地、何時：酒農協會〉，頁 120-121）的規定最為嚴格，他們完全不允許使用任何添加劑，但能容許粗略過濾。

法國自然酒協會（Association des Vins Naturels, AVN）規定紅酒與氣泡酒總二氧化硫含量為每公升 30 毫克，白酒則不論甜度每公升都不得超過 40 毫克。總部位於義大利的 VinNatur 規定所有酒款都不得超過

50 毫克。La Renaissance des Appellations 的三級認證也對所有添加劑與加工助劑的使用有嚴格限制，但對二氧化硫的用量則相當模糊。在本書〈自然酒窖〉一章中，書中有提及的葡萄酒都符合 VinNatur 的規定，而且所有酒款的二氧化硫含量都分別註明，因此消費者可以自行做出決定。

對我來說，幾年來在嘗遍上千款的葡萄酒後，我對二氧化硫的承受度已隨之降低，也因此，現在我喝的葡萄酒多數都不含二氧化硫，或最多每公升 20～30 毫克，而且多半也不經澄清或過濾。

但也許這一切真能用「在雞蛋裡挑骨頭」來形容。若以整體角度看葡萄酒的製造過程，然後先去除非有機葡萄園不看，接著再除掉那些在酒中添加酵母菌、有使用酵素、有消毒過濾等的酒莊，最後剩下的真是少之又少。

沒錯，相較於裝瓶時每公升加入 20 毫克二氧化硫的酒農，完全沒有添加任何東西的酒農確實有所不同。倘若我們再次用漣漪效應做比喻，最中心的漣漪不只鮮明而突出，彼此也十分相似。

總而言之，真正的自然酒與其他相近的酒款在葡萄酒的世界中僅占極小部分。那些像我釀製的僅此一次性酒款並非本書專注的焦點，我的重點在於那些年年創造出優異自然酒的酒農。

對這些酒農來說，他們所做的已經超乎釀酒這件事。他們要傳達的是一種哲學思想、一種生活態度，這讓他們的葡萄酒在全球廣受歡迎。在這個金錢至上的世界，總有一部分的人不願隨波逐流，在酒款變得極受歡迎之前早已釀製出絕佳好酒。他們是出於自己的信念、對土地的愛、希望孕育最基本的動力——生命——而選擇這條路。不論是人類、動物、植物或其他生命體，誠如羅亞爾河流域自然酒農 Jean-François Chêne 所言，自然酒農所做的最重要的是「尊重生命」。

上圖：
自然葡萄酒以最純粹的方式彰顯生命。這些酒款至少必須以有機農耕，釀製時沒有使用添加劑。正如義大利 Emilla Romagna 自然酒生產者 Camillo Donati 所言：「對我來說，這再簡單不過。所謂自然酒便是在葡萄園與酒窖中不添加絲毫化學藥劑。」

對頁：
奧地利南部 Sepp 與 Maria Munster 在他們活力十足的葡萄園中釀製出具生命力的葡萄酒。

**對我來説，幾年來在嘗遍上千款的葡萄酒後，我對二氧化硫的承受度已隨之降低。**

# 第二部

何人、
何地、
何時？

# 何人：藝匠酒農

「地球上的一切不是我們從父母那兒繼承來的，而是從子孫那兒借來的。」

Antoine de Saint-Exupéry，法國貴族、作家、詩人

前跨頁：
Mythopia 位於阿爾卑斯山葡萄園內的蒲公英。這類所謂的「野草」能幫助表土空氣流通並施肥，原因在於分布廣泛的根部以及扎根極深的主根，得以幫助吸取養分如鈣質到表層。

　　自然酒農來自各行各業，也許是從家族繼承了葡萄園，或是種葡萄是他們第二或三個職業。他們可能天性放蕩不羈，或為葡萄酒痴迷；或許支持保守黨，亦或是 1968 年法國「五月風暴」學運代表的兒女。有些人起身反抗當前體系，有些成為海報上的宣傳人物，其他的則選擇低調，默默地做著一直在做的事。但不論激進派還是傳統派，他們或多或少都選擇背棄現今所謂釀酒必備的先決條件。

　　能將這些形形色色的人物連結起來的原因在於對土地的那份愛：他們自視為大自然的保護者。這似乎提醒了我們，只要做法正確，農耕可能是全世界最崇高的職業，因為除了要有高超的觀察技巧外，他們還必須對大自然的偉大表現出尊重與謙遜的態度。

　　「我們甚至還將酵母菌與細菌都考量進去，」法國羅亞爾河流域 La Coulée d'Ambrosia 酒莊的 Jean-François Chêne 如此說：「我們試著與其接近，去思考它們所需的環境，如何讓它們在最理想的狀態工作，這都是心態問題。到頭來都是這個原則：選擇完美無缺的原物料後，就沒必要瞎操心了。」

　　要能種出「完美無缺」的葡萄，酒農必須對自己的土地有深切的了解，這便需要有所謂的藝匠態度──也就是技術高超的男女，在經驗的累積下，用雙手打造出無與倫比的成果。這些酒農多半悉心照料傳統的葡萄品種，這也是一般商業酒農所避之唯恐不及的。「我們的目標是盡可能保存『此區』瀕臨絕種的原生品種。」羅亞爾河流域自然酒農 Etienne Courtois 這樣表示，他與父親 Claude 並肩工作。在世界另一端，智利 Clos Ouvert 酒莊自然酒農 Louis-Antoine Luyt 則專注於 país 品種的種植，這種吃苦耐勞的葡萄是在 16 世紀由西班牙傳教士引進，卻

受到一般商業酒農輕視，因為他們偏好較為流行的品種像是夏多內（chardonnay）或梅洛（merlot），但多數都不適合智利的氣候。

　　Luyt 也致力於恢復智利古老的釀酒藝術，像是將葡萄汁放在牛皮內發酵（有毛的皮面向內），這個做法早已被他當地的同胞所遺棄。但這不僅證明了是非常有效的機制，能確保發酵過程良好，同時也是對常被斥之為無稽、落後甚至以騙術來形容的古老智慧表現出尊崇的態度。不論是陶罐（喬治亞的 qvevri 或西班牙的 tinaja）、橘酒或人工採收等，自然酒農通常會使用傳統的技巧。他們是傳統工藝的守護者，這些技術一旦丟棄，便會消失。

　　令人驚訝的是，自然酒農也能相當具創意。因為他們通常已經在系統外運作，因此想法也不受限於框架之內。正如加州自然酒農 Kevin Kelley 的例子，因為關切現今業界過度使用毫無必要的包裝，決定將新鮮葡萄酒視為新鮮牛奶，因而創辦了 Natural Process Alliance（NPA）的換瓶計畫。每週四，Kevin 會進行「送牛奶」行程，在舊金山周遭到處派送葡萄酒罐（直接從桶中取出）給客戶，以灌滿的酒瓶換取該週

上圖：
Matassa 的 Romanissa 葡萄園日出一景。

對頁：
兩位斯洛維尼亞自然酒農 Vina Čotar 的 Branko Čotar（右）與 Mlečnik 酒莊的 Walter Mlečnik（左）一起享用葡萄酒。

的空瓶——就像過去送牛奶的工人一般。

　　如此具獨創性的想法也落實在生活態度中。「在鄉下，我們的生活其實相當獨立而自給自足。」羅亞爾河流域自然葡萄酒農的代表人物之一 Olivier Cousin 如是說：「即便在採收與全年一些大小事物上，我一年還是雇用約 30 名受薪員工，但我仍然時常以物易物。我們用葡萄酒交換肉類、蔬菜等。這是個極美的社群，這樣的團結態度也是自然酒農極為重要的一環。」

　　即便我們不如 Cousin 重視生活樂趣，但自然酒農天性便較注重周遭整體一切，這得歸功於他們對食物、健康、生活上的敏銳洞察力。他們對蜂蜜、風乾臘腸或火腿的了解也可能和葡萄酒一般深入。將這樣的自然哲學徹底具體化的，是法國侏儸產區 76 歲的自然酒傳奇人物 Pierre Overnoy，他不僅每週親自為家人、朋友烘焙十多個美味的酸麵糰麵包，還養蜜蜂、雞以及令人刮目相看的葡萄樣本（收集了從 1990 年 7 月 2 日所採集的葡萄，將它們浸製在酒精中，以便與每年同一天採收的葡萄做比較）。他很務實，自己種生菜、搞定水電，但也能跟你談論微生物學與複雜的發酵過程。更重要的是，他很能鼓勵人：他溫暖、柔和而慷慨，他的見解深刻且考慮周全。

　　可惜的是，許多人對自然酒農有種誤解，以為他們採取放任態度或做事馬虎，這與真實的狀況真是天差地遠。許多時候，好的酒農律己甚嚴，毫不妥協。法國南部 La Sorga 酒莊的 Antony Tortul 便是一個很好的例子。一頭濃密捲髮、臉上掛著大大的笑容，這名外表一派輕鬆的年輕生產者，相當謹慎地經營他的酒莊；我想在這裡沒有人會心存僥倖。他釀製三十多款不同的葡萄酒，年產量 5 萬瓶，所有酒款都沒有使用任何添加劑或人工溫控。他是個完美主義者，時常用顯微鏡檢視發酵中的葡萄汁，也為酵母菌種做數量計算與分類。目前他甚至對乳酸菌進行實證研究，以便了解為何浸皮有助於白酒的釀製過程。

　　「我們的做法非常簡單卻縝密，」Etienne Courtois 如此解釋：「我們用相當老派的釀酒法——所有的壓榨機都超過一百歲，沒有任何一具是電動的。我們種植葡萄的方式是由我父親從他祖父那裡代代相傳，仍舊使用一百多年前布根地的傳統做法。所有大小事都是用雙手完成，也就是說，每年我們得走上兩三百公里來剪除行間的雜草。」

　　這樣的結果大受好評，所有酒款一上市便銷售一空。然而 Courtois

上圖：
Kevin Kelley 與他的 NPA 計畫所使用的酒罐。

對頁：
Antony Tortul 釀製的酒款。酒瓶上塞之後，許多都以蠟封瓶。這是自然酒界經常使用的做法。

上圖：
法國侏儸產區自然酒傳奇人物 Pierre Overnoy 正在烘焙麵包（右圖）。左圖則是其 Arbois Pupillin 酒款，如今是由 Emmanuel Houillon 所釀製。

家族卻背道而馳地降低葡萄園面積。「一切都跟我們縝密的態度有關，」Etienne 說：「我父親那一代擁有 15 公頃葡萄園，現在我們僅有一半，還想盡量減少。許多成功的生產者總擔心產量供不應求，因此會想買入其他人的葡萄。但這樣的做法就像是原本你有個 25 人座的餐廳，因為大受歡迎每天必須拒絕 50 位客人。這樣一來，你便會開始希望能開間 100 人座的餐廳以便大撈一筆，但這可是一件完全不同的事。結果是，最終你可能會僅變成一個酒標上的名字。」

在許多方面，自然酒生產者需要比一般的葡萄酒生產者更嚴格。「我對任何會接觸到葡萄的東西都很嚴苛，不論管子或幫浦等，」皮蒙區 Cascina degli Ulivi 酒莊釀製不加二氧化硫酒款的 Stefano Bellotti 表示：「三年前，我的榨汁機壞了，替換的零件要兩天後才送到，好心的鄰居便建議我用他的機器。但是當我帶著 10 噸重剛採收完的葡萄到他的酒莊時，眼前的一切令我難以置信。在我的酒莊，每當榨完汁後，我會把所有零件一一拆除，用蒸汽從頭到尾清洗一邊，隔天才可能有

一塵不染、乾淨到可以用嘴舔的機器可用。但我的鄰居是用一般手法釀酒的生產者，使用相當多二氧化硫，對清潔這件事比較馬虎。不用說，我沒辦法冒險沾到二氧化硫，因為我不知道機器曾經接觸哪些東西。因此只要一開始一切都是乾淨清潔，之後的事便不太需要操心。」

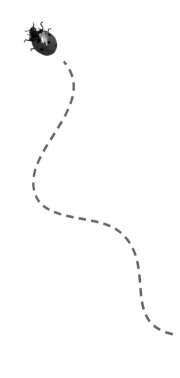

如此心態是拼湊出自然酒整體的最後一片拼圖。葡萄酒的發酵過程還有許多未知，要試著控制這個過程，難免會使酒款失去應有的美感（見〈葡萄園：了解 Terroir 的意涵〉，頁 40-43）。酒農因此必須學習放手，更需試著相信直覺。他們堅信大自然會有奇妙的作為，因為他們已盡全力尊重自然環境的一切；這就像一種合夥關係。奧地利 Gut Oggau 酒莊自然酒農 Eduard Tscheppe 便說：「我花了六年才開始學會期待採收期。到第七年才真的知道我們不會出問題。過去我總是擔心會出問題。現在不同了，我很愛這種安心的感覺。」

自然酒農在釀酒時並未遵照既定的模式或以特定市場做考量；反之，他們追求的是優異的成品，出發點在於對土地與生命的愛，並用最完整與美好的方式來表現，幾乎可用在無安全網防護下走鋼索來形容。正如釀造自然酒不為人知，卻遠近馳名且備受尊崇的 Domaine de la Romanée Conti 酒莊酒窖總管 Bernard Noblet 對我說的一段話：「C'est jamais dans la facilité qu'on obtient les grandes choses（偉大的事並不容易做到）。」站到懸崖邊，你才能欣賞到最美的景致。也正是在此，「當你冒著失足掉落的危險時，你才能見著完美——不論往上或往下——這也是臻至偉大必要一步」。

下圖：
奧地利生產者 Gut Oggau
的家族想像酒標。

# BERNARD BELLAHSEN 談馬

　　跟動物一起工作極具優勢。首先，你和動物之間的感情會隨著時間成長，而建立起真正的情感。

　　其次，現今的問題在於現代農耕方式幾乎可用「強暴」地球來形容。現代農耕以暴力方式侵犯，不管地球能否接受。但當你與動物一起工作，一切便有所不同。動物在工作時不會發出噪音，所以你能夠聽到周遭一切的聲音：犁地的聲音、土地敞開的聲音。你也可以感覺到周遭的一切，因為身邊沒有別人的干擾。倘若下起傾盆大雨，你的犁會被卡住，爛泥巴拖住馬具會拉傷馬，因此你會停止犁地，這是好的，因為溼透的土地容易造成土壤與養分流失。同樣的，當土地太過乾燥時，犁具會劃傷土地表面，因此你也會停止犁地，這是對的，因為在天氣炎熱與乾燥時劃開表土會使土壤喪失珍貴的水分。

　　要耕作得當，農夫必須考量自己土壤的狀況，他們得知道此時是否是耕作的最好時機，以動物畜力耕作可以做為絕佳的指標。我猜想你也能使用機械代勞，只是你必須對周遭環境具絕對的敏感度；但當你與動物耕作時，要出錯是很難的。

　　Bernard Bellahsen 是南法隆格多克 10.5 公頃農場 Domaine Fontedicto 的主人。他種植傳統小麥以及當地鐵烈（terret）、格那希、希哈與卡利濃等品種。1977 年起便以有機耕種，1982 年開始以馬匹協助耕種。

　　這麼做還有另一個好處。牽引機具有內燃器裝置，裡頭牽動的迷你爆炸會振動牽引機的輪胎，進而影響牽動土壤。如此持續不斷的節奏律動促使土壤變得更緊密夯實——就像你將扁豆擠入罐子中，你一搖，豆子便各自就定位。但這樣的振動會將空氣推擠出土壤，影響地下土壤生態，不久後，那些維繫土壤植物健康的重要微生物將消失殆盡；當然你也有效地達到將扁豆擠入罐中的目的。所幸，馬不會如此振動，也不會爆炸。我並非一開始就採用這種農耕方式，但當我見到一名農夫在一天辛勤工作後騎著馬回家，並在馬背上舒服伸展四肢的模樣，讓我覺得這真是個動人的畫面，不禁也想跟進。

　　在 1950 年代以前，法國的加來海峽省（Pas-de-Calais）廣泛地以布隆內犁馬（Boulonnais Plough horse）農耕。這些馬體型巨大、肩膀寬闊，有著陽剛的胸膛。可是如

今，牠們多半流落於收購老殘牲畜的商人手中，成為香腸或肉派中的絞肉來源。我們的馬 Cassiopée，好在沒有落得同樣下場。我們在她五個月大時救了她，自此她和我一同工作了 14 年。我們一同犁田、採收、運送貨品，一同生活，每天一起工作七到八小時，週末亦然。一旦你每天花這麼長的時間在一起，信任感油然產生，結果更是令人驚奇。現在她會自己主動做事，根本不需要我的指示；這真是個奇妙的經驗。

即便我們想要相信「人類是萬物之靈」，但人類並非在萬物之上。一名坐在有空調、全自動玻璃艙中的農夫，所見僅是片面的，因為他與土地完全抽離。但一位與犁馬並肩工作的農人直接處於「戰場」之中，他也因此必須完全仰賴同伴的力量。他與地相連，因為他直接站在土地上。他清楚自己土地的狀況以及該做的事。他可以看到自己所種的植物，並從不同的角度觀察它們。他並非身處一切之上，反而是在下，或在其中。他是環境的一部分，而且他能感覺到這一切。

跟馬一同工作會讓人謙卑。因為這迫使你去傾聽，去試著與周遭的一切和諧同工，去以不同角度看事物。我大力推薦你試試！

下圖：
Bernard Bellahsen 與 Cassiopée 在 Domaine Fontedicto 採收 2000 年的葡萄。

# 何人：圈外人

「我們的葡萄酒總是無法通過檢測，而且原因始終一樣。評語都是『有問題』『不清澈』。這宛如一場惡夢，我們真的快撐不下去了。」

Craig Hawkins，南非自然酒農

「這就是僅注重在表格上打勾的官僚，」Craig 繼續說：「但因為目前並沒有自然酒的空格可供打勾，所以他們只會說：『你不能送這些樣品來檢測。』」有一次，我在裝瓶前為 Cortes 酒款進行攪桶，這樣瓶中可以擁有細微的沉澱物。如此一來酒就可以和死酵母一起進行熟成。這

酒相當穩定，但不清澈。我的天，他們對此深惡痛絕。我另外一款 2011 年葡萄酒 El Bandito，在裝瓶前便已售罄，但現在已經 2013 年 8 月，他們仍舊禁止這款酒出口。」

即便 Craig 的葡萄酒在歐洲相當受到米其林餐廳主廚的青睞，在南非卻經常被控管外銷的檢測者拒絕。「有時我的酒會被三個品評小組、一個技術委員會，以及最終口感檢測的葡萄酒與烈酒委員會所拒絕，」 Craig 對我解釋著：「PEW 委員會對我說，若讓我的酒成功出口，會有損南非葡萄酒整體品牌形象。最終，其實就是少數人為整個葡萄酒業決定一款葡萄酒喝起來應該如何。我不想對此嚴詞批評或起身反抗，但我希望能藉此從國內做出正面的改變，使年輕且具創意的釀酒師不會沒有生存空間，不會太過害怕自己所得到的負面宣傳，而不敢在裝瓶時不經無菌過濾或澄清。畢竟，要當一個一般的釀酒師是非常容易的事，你用無菌過濾，五點半可以準時下班，還有時間跟朋友喝杯啤酒，基本上沒有什麼需要擔心的事。」

下圖：
景色絕美的南非斯瓦特蘭（Swartland），照片中採用旱地耕做法的葡萄園，由 Lammershoek 所擁有，也是 Craig Hawkins 釀造葡萄酒的所在。

上圖：
位於法國羅亞爾河松塞爾產區的 Domaine Etienne & Sébastien Riffault 葡萄園，圖中正在照料葡萄樹的便是 Sébastien Riffault。

　　不幸的是，Craig 並非個案。在歐洲，許多酒農面臨遭自己的法定產區驅逐的命運，原因在於他們沒有遵守區內的農耕方式，或酒款沒有呈現一般、標準的現代做法製造出「應有」的香氣與口感。自然酒農，例如松塞爾的 Sébastien Riffault 與普依—芙美（Pouilly Fumé）的 Alexandre Bain，經常因為葡萄園中的雜草繁多受到警告；而位於義大利皮蒙區的 Stefano Bellotti 在園中種桃樹以增加生物多樣化，卻遭到官方的懲處。官方表示，Stefano 的行為「污染」了這塊土地，因此從這裡所生產的東西不再被認定為葡萄酒。這看似荒謬，但如今 Stefano 已被禁止以葡萄酒為名銷售由此所生產的酒款。

　　即便具膜拜酒莊地位的自然酒農，有時也會遭到影響。例如布根地的 2008 年份產量相當小而具挑戰性，該年 Domaine Prleuré-Roch 的夜—聖喬治（Nuits-Saint-Georges）酒款一開始被官方拒絕授與法定產區地位，因為不像許多鄰居，酒莊並沒額外加糖（chaptalization），因此相較於其他酒莊酒精濃度相對低。「在我們的葡萄園中，有不少地塊

是幾百年或甚至幾千年來被斷定擁有獨特產區風土，」酒莊聯合經理 Yannick Champ 說：「由一個僅有二十多年經驗的人來改變這一切並不合理吧？」

「我曾見過幾個大男人在失去法定產區地位時痛哭失聲，因為這代表的是整個村莊現在都與他們為敵。」法國葡萄酒記者與自然酒倡導者 Sylvie Augereau 如此解釋。這也難怪，畢竟一旦遭到官方的懲處，便意味著金錢上的損失。舉例來說，在 2013 年秋天，法國布根地自然動力法生產者 Emmanuel Giboulot 便面對官方起訴，包括鉅額罰款與可能的牢獄之災，原因在於他們沒有按規定噴灑殺蟲劑。其他酒農在經歷多年起訴過程後更必須面臨關門大吉的命運。

這宛如變相的政治迫害，使許多酒農不得不在「普級餐酒」（vin de table）、「地區餐酒」（vin de pays）、「法國餐酒」（vin de France）（或其他國家）之中尋求庇護，唯有在此他們才能逃離一般法定產區規定的約束。但如今，即便身於體制外，外在威脅依舊存在，使他們無法銷售他們的葡萄酒。「連我在網站上提供酒莊的地址都成問題，」法國 Domaine de la Bohème 自然酒農 Patrick Bouju 說：「因為法令規定普級餐酒不能有任何地理位置標示。」

上圖：
普依─芙美的明星酒農 Alexandre Bain（擁有同名酒莊），經常要面對失去 AOC 產區名稱使用權的威脅，原因在於他釀製的是「非典型」的酒款。

要反其道而行是一件困難的事。自然酒農在不同層面都得面對風險，不論是對大自然、對一般生產者或面對市場，在在需要冒險。他們都必須相當勇敢、勇於不同，願意忠於自己的信念，這對現今世代來說並非易事。

因此，下一次當你拿起一瓶酒時，先停下腳步想想這瓶酒是花費多少心血才能來到貨架上。從外表來看，一般或自然葡萄酒看起來都差不多，但裡頭可是天差地遠。要釀製一款自然酒所必須承擔的義務絕對不容輕忽。

自然酒農在不同層面都得面對風險，不論是對大自然、對一般生產者或面對市場，在在需要冒險。

# DIDIER BARRAL
# 談觀察

想了解大自然，你必須對周遭所發生的一切都保持敏感度。觀察力是關鍵。

在自然界發生的任何事都是有原因的，畢竟大自然花了幾百萬年才演化成現在的樣子。假如事情是照既定的模式進行，這是因為背後有其原因。它們的發生並非意外也非偶然。這是因為人類開始進行人為干涉時，干擾了自然界的平衡，因此造成問題。這時該做的是重新評估做法，而非開始對自然界的運行有所質疑。也正因此，觀察是很重要的——它能幫助我們了解自己如何適應環境，與其上現存的一切並肩工作。

如果你在下雨過後開車經過田野或葡萄園，常會發現地上有一些水窪，但當你走入毫無人煙的森林時卻不會見到。因為在葡萄園以及一般農地，我們已經將生命驅逐出境。土裡不再有蟲類、昆蟲或其他活的生物能夠在土中鑽洞，將空氣帶入土壤中，這一部分得歸咎於我們使用的化學藥劑，但其實像犁地等農耕方式也都會破壞土壤的平衡，正是如此的平衡以及藉此所維繫的生命，使土壤得以保持滲透性。關鍵在於：如何重新創造出存在於森林中的那種平衡生態。

〝Didier Barral 在法國隆格多克佛傑爾（Fauge-res）擁有一座 60 公頃大生態十分多樣化的農場，其中一半為葡萄園，種有原生品種白鐵烈（terret blanc）與灰鐵烈（terret gris）。〞

因此我們不再犁地；反之，我們用巴西滾輪來壓平葡萄樹之間的雜草。這讓土壤得到保護，免於陽光直射、避免水分蒸發並使地裡增加溼度。少了這些雜草，陽光會烘烤土壤，使其變得具毒性而脆弱。風和雨會吹走或沖刷掉珍貴的黏土與腐殖質，最後僅會剩下沙。保持土壤上有草，在水分容易被蒸發的大熱天，絕對是個好方法。

除此之外，昆蟲可以生存在草叢內，進而吸引田鼠、地鼠、鳥類與許多其他動物前來。這些動物死後會留在土內，能為你的植物提供均衡的養分。

在經過犁地過程——或更糟糕的——噴灑除草劑的葡萄園中，這些葡萄樹必須仰賴人類提供餵養與支持。當你買肥料時，其實買的基本上是羊糞與稻草。但倘若你讓野生植物長在葡萄樹之間，一個複雜的生物鏈便

上圖：
Didier 的鐵烈葡萄，也是隆格多克最古老的品種之一。

左圖：
園中放牧的 50 頭牛，包括娟珊牛（Jersey cattle，左圖）、謝爾牛（Salers）以及稀有的原牛（Aurochs）。

因此產生，這也意味著你的葡萄樹能攝取更為豐富的養分。過去我通常會買糞肥，但我發現在我把糞肥從土裡挖起時，底下並不會有什麼生物存在。相反的，假如挖起的是由我的馬所排的糞便時，底下則會出現蚯蚓、白色小蟲等各種昆蟲在下蠕動。馬糞吸引了各種生物前來，糞肥則否，但我並不了解背後原因。後來我才知道理由再簡單不過：來自厚褥草農舍的糞肥混雜了尿液與糞便，這兩種排泄物在大自然中並不會同時產生，因此這類糞肥對蠕蟲和昆蟲來說都太過強烈，它們會想辦法避開。正因為有這樣的體認，我們決定讓葡萄園回復過去放牧的型態。我們將自己養的兩匹馬與 40 頭牛放到葡萄園中任意吃草，結果非常有幫助，因為牛糞團在冬天很溫熱，夏天則很涼爽，不論任何季節，都會吸引蚯蚓前來地表吃食並繁殖；倘若相反的，土壤沒被覆蓋、表面冷涼或乾燥，蚯蚓便不會出現。

假如我的孩子也想開始經營自己的葡萄園，我會給他什麼建議呢？觀察；先去了解自己周遭的一切，但更重要的是，千萬不要違背自然定律。你必須有耐心，並有敏銳的眼光。盡量花時間在葡萄園中，而非在全球各地飛來飛去。記住總要有隻腳牢牢扎根在自己的土地上。

# 何人：自然酒運動的緣起

「約莫35年前幾名酒農站在前線遭到大肆抨擊，而我們這一代繼承了那時開始的風潮。」

Etienne Courtois，法國羅亞爾河區自然酒農

上圖與對頁：
隨著第一代自然葡萄酒農開始退休，他們的下一代也繼承了衣鉢。Etienne Courtois 與父親 Claude 在 Les Cailloux du Paradis 一起工作（上圖）。如今，掌管 Domaine Marcel Lapierre 的 Matthieu Lapierre 則與媽媽與姊妹們並肩（右圖）。

八千多年前人類開始釀製葡萄酒時，沒有一包包的酵母菌、維他命、酵素、「百萬紫」（mega purple）加色劑或單寧粉可供購買，一切都是渾然天成的。酒中沒有額外添加或移除；葡萄酒曾經很「自然」。然而，自 1980 年代開始，才有必要為葡萄酒做出不同的定義（像是將「自然」兩字加在「葡萄酒」之前），以便與使用各類添加劑的葡萄酒做出區別。回歸基本面的自然酒運動，是在一連串葡萄種植與釀酒過程中大量遭到人工干涉生成後生產者跳脫主流市場，開始質疑同袍的「先進」技術，進而嘗試使用祖父母一代的方式。其中有些從未停止以自然方式釀酒，有的則採用先進的釀酒方式但選擇回歸自然。

這樣的風潮演進並非單一個人的功勞——全球各地有許多人抗拒使用先進的釀酒技術，堅持而執著的釀製出符合他們信念的葡萄酒，有時並不清楚其他國家或甚至自己周遭興起的自然酒網絡。許多這些酒農相當艱辛：葡萄園經常遭到破壞，全部的酒款常毀於一旦，更需忍受周遭酒農的嘲笑。「比起我父親那一代，我們這一代生活容易許多。」羅亞爾河流域自然酒農 Etienne Courtois 與父親 Claude 一同工作，Claude 是此區的自然酒傳奇。「我父親那一代打下了基礎……如今，人們開始懂得欣賞、傾聽，並試著了解這類葡萄酒。二十多年前可不是如此，當時哪有農夫市集和有機商店。上一代確實辛苦許多。」

對自然酒釀製極具遠見的已故酒農 Joseph Hacquet 就是個非凡的例子。他遺世獨立，和姊妹 Anne 與 Françoise 住在羅亞爾河流域 Beaulieu-sur-Layon。他以有機方式耕作同時在釀酒過程中避免使用添加劑，自 1959 年起釀製出超過 50 個年份未添加二氧化硫的葡萄酒。

上左：
位於義大利唯內多的 La Biancara 酒莊是 Angiolino Maule 的基地，他是義大利自然酒運動的幕後推手之一。三個兒子 Francesco、Alessandro 與 Tommaso 和他並肩工作。

上右：
La Biancara 酒窖一景。

「戰後自然酒的釀製被視為違反常規且不愛國的行為，」Les Griottes 葡萄園的 Pat Desplats（也在羅亞爾河流域）如此表示。他與朋友 Babass 在 Hacquet 年紀大了之後一起接管他的葡萄園。「Joseph 與他的姊妹們真的以為自己是全球僅存的自然酒農。」

所幸，隨著自然葡萄酒運動的散布，多數酒農不再與世隔絕，有的酒農更啟發了其他酒農，引發一連串對自然酒的興趣，進而聚集在一起，開始萌芽生長，延伸的範圍先是區域性，後來演變為全國性，如今甚至成為國際性。這樣的例子包括義大利——斯洛維尼亞區（由 Angiolino Maule、Stanko Radikon 與 Giampiero Bea 發起）與薄酒來區（由已故的 Marcel Lapierren 領導，另外則有 Jean-Paul Thévenet、Jean Foillard、Guy Breton 與 Joseph Chamonard 等人）。這幾個法國的團體同時並與不同區域的酒農像是 Pierre Overnoy（侏儸區）或 Dard et Ribo 與 Gramenon（隆河流域）連結。這都得歸功於兩位卓越的人士帶動的改變：Jules Chauvet（1907-1989）與弟子自然酒顧問 Jacques Néauport（關於這位重要人士，請見下一章節〈布根地超能力釀酒師〉）。

Chauvet 的葡萄酒職涯始於布根地酒農兼酒商（négociant），他深深受到葡萄酒化學與生物學的吸引，很快地開始與歐洲其他研究團體共同合作，包括里昂的 Institute of Chemistry、柏林的 Kaiser Wilhelm Institute（今 Max Planck Institute）以及巴黎的 Institut Pasteur。Chauvet 運用科學技術改善因自然釀酒過程所產生的問題，研究主題包括酵母菌的功用，酸度與溫度在酒精與乳酸發酵過程的角色，以及在二氧化

碳浸皮法進行時如何降低蘋果酸，為想要走上自然酒釀製一途的酒農提供了寶貴的建議。「我想要釀製出像我祖父所釀製的葡萄酒，但運用的是 Chauvet 對科學的理解。」Marcel Lapierre 解釋道，他是 1980 年代以「極不尋常」的酒款打進巴黎自然酒吧的領導人物之一。

「1985 年，我品嘗過 Chauvet 的酒款，之後不久則喝了 Lapierre 所釀的酒，這也啟發了我。」羅亞爾河流域 Les Vignes de l'Angevin 酒莊的自然酒農 Jean-Pierre Robinot 如此回憶。他的葡萄酒職涯始於葡萄酒作家身分，在 1983 年創立 *Le Rouge et Le Blanc* 雜誌，並在 1988 年於巴黎開設了 L'Ange Vin 酒吧。「當時我們約莫四、五人，我是其中最晚開店的，」Jean-Pierre 繼續說：「人們都以為我們瘋了。我們刻意稱之為自然酒，因為我們的酒雖然為有機，卻不僅止於此，因此我們必須做出區隔。即便當時無添加二氧化硫的葡萄酒在市面上很少見。」

如今局勢已大不同。自然酒風潮在巴黎引爆，酒吧、商店、餐廳開始銷售自然酒，紐約、倫敦、東京則緊隨在後。正如美國葡萄酒作家 Alice Feiring 對我說的：「這類葡萄酒在美國幾個大城市引領風潮的餐廳中需求量極大：奧斯丁、紐約、芝加哥、舊金山與洛杉磯等。」雖然自然酒釀製是一種全球性現象，但多數自然酒農依舊位於舊世界樞紐的法國與義大利。不過情況正在改變中，南非與智利的生產者如雨後春筍般出現，在澳洲與美國（尤其是加州）也一樣。

下圖：
Pierre Overnoy 在法國侏儸區的葡萄園。.

# JACQUES NÉAUPORT
## 布根地超能力釀酒師

Jules Chauvet（見頁116）常被自然酒界視為現代法國自然葡萄酒之父，但較少為人知的是他不愛出風頭的個性。的確，在專業的職涯中，他花了許多時間穿梭於不同的實驗室，他單獨工作，或在歐洲與他所選擇的團體一起合作。他不願附屬在任何他所不屑的大型機構中。直到他過世之後，人們才開始對他的工作產生狂熱的興趣。

而將 Chauvet 的觀點發表出來，促使自然酒公眾意識抬頭的，得歸功於他的一位忠實夥伴。這位夥伴不但在他的手下學習、與他一同工作並建立友誼，進而使他的作品在他死後得以問世，還將 Chauvet 的教導公諸於世且實際執行，促使整個產區發展成為自然酒的樞紐中心。這個無名的影子是幫助不少法國酒莊轉變為自然酒農的關鍵人物，他極少被提及，卻是在現代自然酒歷史中最偉大的推動者。他是 Jacques Néauport，人稱「布根地超能力釀酒師」。

「直到 Jules 在 1989 年過世之前，我一直與他相當親近。我不希望他畢生心血付諸流水，」這位 65 歲的自然酒先鋒如此解釋：「我不希望這樣的天才以及他的作品就這樣被遺忘。因此我決定將他的作品傳承下去。我盡全力使他的研究作品得以發表；我寫了不少關於他的文章，而且不論我到哪裡，我都會訴說他的事蹟。如今，葡萄酒世界不再忽視他的莫大貢獻，所以我想我成功了。」

「可是沒有人知道你在幕後所做的一切。這難道不會讓你感到失望嗎？」我問他。

「我們生活在一個外表至上的時代。所有『看得到』的東西才算存在，看不見的就不存在，這不過是現今社會誇張的一面。但是你要知道，許多事情最重要的部分都是由你沒聽過的人所做的。」Jacques 如此解釋。

這是為我們現今所知的自然酒運動立下基礎，且擁有巨大影響力與貢獻的人所說的話，就某些方面而言，我們也可以視他為自然酒界的 Michel Rolland（知名的釀酒顧問）。他的客戶名單讀起來宛如年度名人錄——聚集薄酒來最知名的酒莊（包括已故的 Marcel Lapierre、Jean Foillard、Chamonard、Guy Breton 與 Yvon Métras），此外還有 Pierre Overnoy、Pierre Breton、Thierry Puzelat、Gérald Oustric、Gramenon、Château Sainte Anne 以及 Jean Maupertuis 等。Jacques 甚至為

Chave 酒莊於 1985 與 1987 年釀製兩款無二氧化硫的隆河 Hermitage 白酒，Gérard Chave 將之收藏於私人酒窖。他與其中不少酒莊一起工作長達十餘年（像是 Lapierre 19 年、Foillard 11 年、Overnoy 17 年），並在 1981 年將 Lapierre 介紹給他的朋友 Jules Chauvet。

「我不喜歡一次跟超過十名酒農一起工作，因為這會變得太過複雜。」Jacques 說。但有些「簡單的」年份（這是他說的，不是我！），像是 1996 年，他協助釀造了 42 萬瓶未加二氧化硫的葡萄酒。這在當時甚至如今都算是件壯舉。

Jacques 最初的工作是在英國教法文，每個月的薪水都拿去買他喜歡的葡萄酒。在教書休假時，他便到處去拜訪葡萄酒農。七年後，當他決定將葡萄酒當做正職時，Jacques 已經走訪了超過法國兩千家酒莊。「我一直都是為葡萄酒而活，卻從沒想過要自己擁有一座葡萄園。因為我想要旅行，想要在不同的產區風土釀製不同品種的酒款。」

「最初我是在 1978 年春季時見到 Jules。他向來喜歡各種香氣，他與朋友在 1950 年初於普依一富塞（Pouilly-Fuissé）開始嘗試時，便發現自己較偏好不加二氧化硫的葡萄酒。自此他便開始釀造未加二氧化硫的酒款，但他沒有讓別人知道，因為當時周遭的人都將他視為圈外人，」Jacques 說：「我認識他的表親，而且因為我自 1970 年代中期便試著釀造不加二氧化硫的酒款（這得歸功於各個派對、宿醉與親眼目睹英國正宗啤酒運動的發生），因此不久後，我便聽說了 Jules 的研究。一開始我們其實互相看不對眼，因為我到他家拜訪時已經很晚了，而且我也沒有事先通知，表現得又很自大。當時的我參加了 68 年的學運，叛逆得很，也不清楚他是如何偉大，而他的研究又有多麼先進。」

「自然酒的釀造過程需相當精準，過程環環相扣，因此你必須十分嚴謹，不能求快，因為這一切都需要時間。就某方面來說，我的角色是讓酒農們放心。因為自然酒的釀製是沒有配方可言的。有三年的冬季，我試著寫下自然酒的釀造方式，但根本沒辦法，完全徒勞無功。這個釀製的藝術從葡萄抵達酒窖的那一刻開始。最重要的是，這些葡萄必須為有機，或更好是採用自然動力法，因為這樣的葡萄會有更豐富的原生酵母菌，每個年份我也有系統地計算它們的數量。」

「我看過各種難以想像的事，」Jacques 繼續說道：「在非有機或雖為有機酒農但有鄰居噴灑化學農藥的葡萄園中，葡萄上酵母菌會被消滅。即便如此，我還是把酒釀出來了。有時真的很困難，沒有人能讓葡萄汁開始發酵，但我還是做到了。有些人稱之為魔術，其他人稱之為直覺，不管那是什麼，這便是我被稱為『超能力釀酒師』（The Druid）的原因。」

「要活得快樂，便活得低調。」　　　《蟋蟀》（*The Cricket*），Claris de Florian 的寓言故事

# 何地、何時：酒農協會

「我向來是個崇尚自然的人，因此自 2000 年起，我決定讓自己周遭充滿理念類似的人。」

Angiolino Maule，VinNatur 創辦人

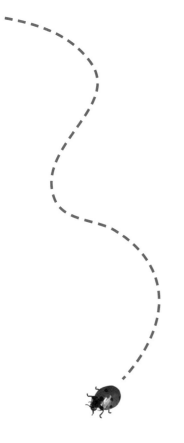

酒農團體在自然酒的世界扮演重要的角色。光在歐洲便有超過六個團體，多數都相當小型，但有幾個較為大型的也在自然酒界成為十分重要的推動者。他們旗下有數十個、甚至上百個會員，對酒農與消費者提供寶貴的資訊。現今多數先進的葡萄酒科學研究都是由大型企業贊助，因此多半專注於一般工業化葡萄酒釀造相關的主題，對想要以自然方式釀酒的酒農幫助不大。這類草根性酒農協會是由具有相同理念的酒農所組成，是交換意見、經驗與知識的交流處。他們當中不少便是因此聚在一起。

協會的存在也能幫助酒農結集資源，藉由聯合品酒會或研討會的舉辦，使業界與消費者對酒農有更多的認識，想要找新葡萄酒單的進口商便相當仰賴這類協會與品酒會。它們對消費者也有益處。有鑑於現今法規缺乏對這類酒款的規定，許多協會便各自制訂憲章來規範會員，這也成為各協會傳遞理念的引導，同時提供消費者基本的品質保證。以下是幾個絕佳的例子：

S.A.I.N.S.是個新的協會，創立於 2012 年，雖然目前規模不大（僅16 個會員）卻相當成功，原因在於他們是酒農協會中「最為自然」的一個。他們僅接受完全不用任何添加物的酒農加入。

VinNatur 可能是站在全球最前端的協會，因為它與許多大學以及研究協會共同合作，使我們對自然酒在種植與釀製以及對飲者的健康影響有更多的了解。雖然酒農不需經有機認證便能加入 VinNatur，但協會對會員的酒款會做殺蟲劑殘存量的測試。假如酒農的樣本檢測到有問題的酒款，協會也會幫酒農增加自信並幫助他們釀造出沒有農藥

上圖：
S.A.I.N.S. 是一個僅接受釀製完全自然葡萄酒的酒農協會。他們的酒款確實發酵自百分之百的葡萄汁，在釀製過程完全不做額外添加。

殘存的葡萄酒。但正如 VinNatur 的創辦人 Angiolino Maule 所說：「若三次不合格，他們就失去會員資格了。」（更多關於這位重要人士的介紹請見〈Angiolino Maule 談麵包〉，頁 62-63）。

　　法國的 Association des Vins Naturels 是除了 S.A.I.N.S.以外唯一一個對會員的總二氧化硫殘量有嚴格限制的組織。該協會限定紅酒與氣泡酒不得超過每公升 30 毫克，白酒則不論甜度，最高上限為每公升 40 毫克。對無添加二氧化硫的酒款，他們也設計出一個專用酒標：「AVN zéro sulfite ajouté（毫無添加二氧化硫）」。

　　擁有近 200 名會員的 La Renaissance des Appellations 則是最大的酒農協會。這是由推動自然動力法不遺餘力的 Nicolas Joly 所創立（關於這位自然酒大師的介紹，請見〈Nicolas Joly 談季節與樺樹汁〉，頁 44-45）。雖然這不能算是自然酒農的協會（某些會員的二氧化硫含量相當高），但會員中不少是以自然方式釀製。此外，這也是唯一一個必須經有機或自然動力法認證才能加入會員的協會。

上圖：
RAW（2012 年由我發起的自然葡萄酒展）是全球唯一一個要求酒農列出所有酒中使用的添加劑，或在釀製過程中經人工操縱過程資訊（包括二氧化硫總量）的酒展。

# 何地、何時：自然酒展

隨著人們對自然酒有越來越多的了解，如今全球也出現更多此類酒展，品飲者因此得以見到釀製這些酒款的幕後英雄。大部分的酒展都在法國與義大利舉辦，多數是由酒農協會主辦（見頁 120-121），用以展現會員的酒款，或是由進口商舉辦以展示旗下品牌。近年來更有許多獨立酒展在全球各地如雨後春筍般出現，從東京到雪梨，由札格瑞布（Zagreb）到倫敦。這幾個城市都至少會舉辦一場品酒會，使業者與消費者有機會與生產者直接會面並品嘗數量繁多的酒款。

La Dive Bouteille 是僅對葡萄酒專業人士開放的酒展，在 2014 年舉辦了第 15 屆。以法國生產者的參展人數來說，這是全球最具規模的自然葡萄酒展，也是第一個此類酒展。創立於 1990 年代末期，是 Pierre 與 Catherine Breton 夫婦以及二十多位酒農朋友聯合創辦，最終則由葡萄酒記者與作家 Sylvie Augereau 接手，如今擁有超過 150 名酒農參展。「我是個極具戰鬥力的人，我的使命是讓這些以傳統古法釀製葡萄酒，以及態度正直、具生命力、重視社群且如今相當罕見的酒農不再被邊緣化。我希望能夠捍衛這些理想並幫助他們使其努力得到肯定。當我與這些酒農對談時，我了解他們總是遭到孤立，因此 La Dive 提供的是一個讓他們得以聚在一處的機會。」

正是來自 La Dive 的靈感，我在 2011 年於倫敦與五家英國進口商一同創立了 The Natural Wine Fair。這個計畫可惜很短命，卻也因此促成了隔年 RAW 酒展的誕生。藉著這個酒展，我們將許多人（酒農、協會、業界與消費者等）聚集起來，分享各自的想法並且品嘗葡萄酒。RAW 酒展現今已成為全球最大的自然酒展之一，或許亦可說是最為前衛的一個，原因在於其要求參展者資訊透明化。RAW 的目標是藉由透

「最初，我們幾乎被當成外星人般對待。如今，我們吸引了來自全球的買家。」

Sylvie Augereau，La Dive Bouteille 酒展

上圖：
RAW 2013 年自然酒展期間，S.A.I.N.S. 旗下酒農的酒款樣本都是經由帆船直接運送到倫敦市中心。

明化而促成大眾對自然酒的辯論，這也是唯一一個要求酒農列出所有酒中使用的添加劑或在釀製過程中經人工操縱的過程，並將這樣的資訊透露給大眾。參展的條件很嚴格，因為主辦單位期望能確保酒農所提出的資訊是真實無誤的。這是由於現今自然酒的定義未明，而如今這類酒款逐漸受到歡迎（生產者可能想要一窩蜂地登上自然酒列車），這一切都使這樣的堅持成為棘手的任務。不過，凡擁有明確品質憲章，或那些經過嚴格把關的酒展，即便不是百分之百絕對正確，但通常意味著參展酒農絕大多數都是堅守規範的。

　　其他值得注意的類似酒展還包括義大利的 Villa Favorita（主辦單位為 VinNatur）、Vini Veri、Vini di Vignaioli，以及法國的 Greniers Saint-Jean（Renaissance des Appellations 在羅亞爾河區舉辦的品酒會）、Buvons Nature、Salon des Vins Anonymes、Les 10 Vins Cochons、À Caen le Vin、Vini Circus，Real Wine Fair（由英國葡萄酒進口商主辦），日本的 Festivin 以及澳洲的 Rootstock 等。

左圖：
Brett Redman（如圖）是位於英國倫敦橋附近的 Elliot's 的老闆，他指出：「對廚師來說，自然葡萄酒很容易了解……我們在意的是品質與獨特的風味。」

右圖：
風格多樣、價格範圍廣泛使自然葡萄酒的能見度大增。從倫敦酒吧、小酒館如 Antidote（如圖），到我曾合作過、遠在馬爾地夫生態度假勝地的 Soneva Fushi 都可見其足跡。

右圖：
位於哥本哈根，連續三年得到全球最佳餐廳殊榮的米其林二星餐廳 Noma，多年來酒單上一直都供應自然酒。

# 何地、何時：品嘗與購買自然酒

「若我想要把夏布利（Chablis）放在酒單上，原因不會在於這產區名聲響亮，而是因為我想要讓它彰顯出我們的料理。」

Claude Bosi，倫敦 Hibiscus 餐廳主廚，談及餐廳酒單走向自然風的原因

　　「一開始我們聽到一大堆狗屁不通的言論，許多是難以想像的。」René Redzepi 解釋道，他是 Noma 餐廳的老闆，多年前便開始將自然酒列在酒單上。「我們是丹麥最早開始推崇自然葡萄酒的餐廳之一，但我也清楚，有時即便酒標上標示自然、自然動力法或有機等字眼，都不是美味可口的保證。不過就是有些手藝高超的生產者……」René 停頓了一會兒：「能讓你一旦開始喝這些酒，便很難走回頭路。」

　　如今，許多餐廳已開始將自然酒列入酒單，原因在於這些酒款在風味的表現上精準而純淨。幾年前，倫敦 Borough Market 的小餐館 Elliot's 在我的協助下，酒單只提供自然酒。餐廳老闆 Brett Redman 表示：「對廚師來說，自然葡萄酒很容易了解。因為我們與農產品一起工作，也注重品質與獨特的風味。問題是，多數廚師並不了解葡萄酒的釀造過程。舉例來說，過去我們酒單還沒列有自然酒時，我以為釀酒師是整個釀製過程最重要的人；但現在我知道種葡萄的酒農才是。」與 René 一樣，Brett 也相信一旦開始喝自然酒，你很難走回頭路。「我們多數廚師在加入團隊三個月內起，變得都只喝自然酒了。」

　　如今，自然葡萄酒已外銷全球各地，因此要找到其實不難。這類與料理為絕配的葡萄酒中最佳的多半能在餐廳裡喝到，因為在這樣的場合中，餐廳人員能夠當面銷售，並解釋為何這些酒款這麼不同而特別。幾家全球最佳的餐廳像是倫敦的 Hibiscus、哥本哈根的 Noma、紐約的 Rouge Tomate 與奧地利的 Tauben Kobel，酒單中都有為數眾多的自然葡萄酒。但一般餐廳像倫敦的 Elliot's、40 Maltby St、Antidote、Duck Soup、Brawn（以及同集團餐廳如 Terroirs、Soif、Green Man &

上圖：
Hibiscus 餐廳的 Claude Bosi 通常會以自然酒搭配菜單。因為他認為自然酒的複雜度與純淨度最能搭配其料理。

對頁：
位於南法貝濟耶（Beziers）
的 Pas Commes Les Autres
雖然開幕不久，庫存卻已
有兩百多款酒，其中不乏
優異的自然葡萄酒。

上圖：
位於舊金山的 Punchdown
是自然酒迷的好去處。

French Horn），巴黎的 Vivant 與 Verre Volé，紐約的 The Ten Bells 和威尼斯的 Enoteca Mascareta 等，也都能找到自然酒的蹤影。同樣的，原本僅存在於巴黎的自然酒吧，現在足跡也遍布全球，像是舊金山的 Punchdown 與 Terroir、蒙特婁的 Les Trois Petits Bouchons 與東京的 Shonzui 等等（令人驚訝的是，自然酒最大的外銷國竟然是日本）。

　　至於零售酒商，許多則在不經意間買進了自然酒，但想在大型超市買到自然酒則相對不易。這是因為這類酒款產量之小，讓一般超市敬而遠之（英國的 Whole Foods 倒是例外）。更重要的，由於現今的情況是人們很難從酒標上看出何為自然，何為一般酒款，也因此在英國最好是從網路上購買。至於法國在這點則先進不少，境內許多大城市都有專門葡萄酒零售店，包括巴黎的 La Cave des Papilles，以及貝桑松（Besançon）的 Les Zinzins du Vin。不過紐約的發展則相當逼近法國，Chambers Street Wines 與 Uva 等店的存在讓自然酒在大西洋兩岸發光。

# TONY COTURRI
# 談蘋果與葡萄

Tony Coturri 在加州索諾瑪郡的 Glen Ellen 擁有一座古老而不施行人工灌溉的 2 公頃金芬黛（zinfandel）葡萄園。他也從鄰近有機葡萄園買入葡萄，被視為美國的自然酒先鋒。自 1960 年代起 Tony 便以有機耕種，酒中也完全不使用添加劑。

或許你以為索諾瑪與那帕谷一直都是葡萄產區，其實不然。從這裡以西的 Sebastopol 區，過去一直是蘋果產區。但到了 1960 年代早期，一切都變了。蘋果開始賤價出售，一公噸賣 25 美元，就財務上來看，毫無價值。政府因此想出一個辦法，開始推廣格拉文施泰因（Gravenstein）蘋果並將之視為此區的明日之星。美國銀行貸款給農民讓他們改種格拉文施泰因蘋果，一座座巨型的種植園接踵而至。但格拉文施泰因是一種軟質蘋果，適合拿來做醬料或果汁，這品種保存不易，因此必須在採收完迅速做處理。倘若是硬質蘋果，你便能低溫儲存，等有空時再做處理。也因此，這整個計畫後來完全行不通，隨之而來的便是「葡萄年代」。

1960 年代末，約莫 67 與 68 年，北加州出現了葡萄種植潮。到 1972 年，一噸的卡本內葡萄值 1,000 美元，在當時是相當龐大的數字。（如今那帕谷的葡萄一噸能賣到 26,000 美元！）農民因此鏟除所有蘋果樹、核桃樹、梨子樹等。蘋果出局，葡萄進場，所有的景觀也完全改變。

葡萄園到處都是，任何能種得出東西的地方便有葡萄樹。一夕之間從最初的家庭手工業，演變成後來的大型製造商。幅員廣大的葡萄園出現，資金也開始湧入。突然間，在葡萄園與釀酒廠工作的人不再擁有土地，而是受僱於住在紐約或洛杉磯的僱主。所有工作開始有清楚的職責劃分，一間釀酒廠可能有五位釀酒師，每個人負責釀製一種品種，這是個極大的改變。如今我們所認識的索諾瑪與那帕谷因此誕生，但現今發展更加極端化。

基本上，這是農業單一化中的單一化，葡萄品種維持一到兩種，並以類似的無性生殖系品種栽種或改種。即便每個人都在談論金芬黛或其他品種，但是真到了種植時，90% 還是選擇卡本內與夏多內。當你種植卡本內可以賣到更多錢時，何必種梅洛呢？採用過

熟葡萄並用水稀釋，之後加酸度，再經過一些「調整」，就是一瓶可賣到 100 美元的頂級那帕酒款。

葡萄統治全地的情況也帶來一些有趣的結果，因為此地（尤其在西部）被廢棄的蘋果樹為數眾多。這可不只是農夫採收完剩下的一些落果，我說的是數噸的蘋果！去年我聯絡上 Troy Cider 的 Troy Carter，請他到我的酒窖來釀蘋果酒。我們使用的蘋果 90% 都是落果，我們收集它們，壓榨後將果汁放在酒桶中，就這樣，蘋果酒便用自己的天然酵母菌給釀出來了。Troy 把這蘋果酒帶到舊金山，人們為之瘋狂。

相較於葡萄，蘋果單純多了。人們對蘋果酒沒有先入為主的偏見，也不會對像葡萄酒一般認定口感應有如何表現，人們看到的是單純的蘋果酒或發酵過的蘋果汁，因此它可以有氣泡、可以有些混濁，可以允許出現葡萄酒不認可的各種情況。沒有人會說：「那

人很懂，所以我要聽他的見解；因為他說現在該喝這酒，所以我要喝它。」畢竟，蘋果酒界中可沒有 *Wine Spectator* 雜誌為它們評分。」

右圖：
外型上宛如 Tony 分身的酒窖助手（在採收期協助），正在檢查發酵中的葡萄。

下圖：
Tony 的生物多樣化有機葡萄園在索諾瑪與那帕谷算是異類。

# 第三部

自然酒窖

# 簡介：探索自然酒

上圖：
許多自然葡萄酒即便開瓶後都還相當長壽，不妨放幾瓶在冰箱中，想喝時隨時有。選酒時可以像是選乳酪盤一般，三不五時喝上一杯。如此一來，你可以隨時追蹤記錄葡萄酒的變化。有些酒甚至可能在開瓶後兩天才會完全綻放呢！

本章旨在邀請讀者自行發掘自然葡萄酒的面貌，為此，我整理出一系列品質優異且可口的自然酒清單。不妨將這份酒單想成你的迷你葡萄酒窖，或視為開始自行品嘗自然葡萄酒的起點。這份清單稱不上是終極自然酒單，而市面上表現優異的自然酒想當然也不僅止於此。我列出這份清單，主要希望能展現酒單本身的多元性，以及酒款的多樣化風格，而我也相信這些酒足以成為各類型酒款的良好範例。

在選酒的過程中，我盡可能不重複酒莊，這是為了讓讀者觸及更多自然酒釀造業者。不過，每一家酒莊都釀有不只一款葡萄酒，歡迎讀者自行深入了解各家酒莊的作品。你會發現，忠實終能獲得回報。品嘗特定酒莊的酒款時，你不只是以堅定的信心支持該釀酒業者與葡萄園，更能開始察覺到不同年份的細微變化與偉大之處。

## 如何解讀這份酒單

我將酒款分為六大類：氣泡酒、白酒、橘酒、粉紅酒、紅酒以及微甜與甜型酒，並不成比例地列出以法國和義大利為大宗的酒單，因這兩國擁有目前數量最多的自然酒釀造業者。每一個類別分有三種視覺標籤，用以標示酒款的酒體或顏色。「酒體輕盈」的葡萄酒會標上顏色清淡的視覺標籤；「酒體中等」的自然酒，酒體既不輕，但也稱不上飽滿，標上的是色調中等的視覺標籤；而「酒體飽滿」、口感較為厚重的酒款，則以顏色最深的視覺標籤顯示。除此之外，白酒與紅酒會另外區分出法國、義大利、歐洲其他地區和新世界國家產區。

我也在文中列出各款酒的香氣、質地和風味，以幫助讀者更加了解酒款。如你想搭配特定菜色，或不想帶特定酒款去聚會，希望這些都有助於你選擇。如同前述，這些不是終極酒單，因自然葡萄酒是有機體，會突然間轉換風格、一下綻放一下緊閉，更有可能在不同時間點展現出完全不同的特性，可謂非常情緒化。讀者應視品飲筆記為參考值，而非絕對值，像是寬版的畫筆刷痕一般。有些葡萄酒需要時間

方能綻放，有些則本身已相當奔放且易於親近，這些酒款足以令人興奮不已。一些酒甚至有點咄咄逼人，如同實驗性的爵士樂一般，挑戰你的極限。

這份酒單不提供分數，不只是因為我不相信打分數，更因為自然葡萄酒變化之迅速，令人無從評分起。正如同老普林尼於兩千多年前的著作《自然歷史》中所形容的：「且讓每個人自行判斷卓越的定義為何吧！」他肯定已預見了百分制的評酒系統。

## 自然葡萄酒單

就我所知，這份「自然酒窖」的酒款均符合以下條件：

- 葡萄園遵循有機和／或自然動力法（與類似方式）耕作；
- 葡萄以人工採收；
- 葡萄酒只以原生酵母菌發酵而成；
- 釀酒過程不曾刻意阻斷乳酸發酵的進行；
- 酒款不經澄清（即所有酒款均可為素食者飲用）；
- 酒款不經過濾（或只有略微過濾以去除飛蠅等物體）；若有經較為嚴密的過濾處理，我也會另外提及；
- 釀酒全程無添加物，除了少數酒款有添加二氧化硫，但每公升酒款不超過 50 毫克。不過，這份清單內絕大多數的酒款均無添加二氧化硫。

## 關於種植與釀造

本章節中的所有酒款均遵循有機或自然動力法種植或兩者皆用。大部分的酒莊已獲得認證，但也有少數未申請，卻遵循同樣種植方式的生產者（見〈葡萄酒認證〉，頁 90-91）。就我所知，這些未申請有機或自然動力法認證的酒莊，不使用任何殺蟲劑、除草劑、殺真菌劑或其他類似產品；事實上，他們很可能比許多酒莊要來得「更有機」，因為酒農們所做的，遠超過了有機或自然動力法的最低限制。

值得注意的是，許多生產者（尤其在新世界產區）不自行種植葡萄，而是向酒農批次採買非有機種植的葡萄。因此，就算酒款是以低人工干預的方式釀成，凡由非有機葡萄釀成的酒便不能稱為自然酒。這類型的酒款並未收錄在本章節中。

**氣泡酒**

**白酒**

**橘酒**

**粉紅酒**

**紅酒**

**微甜與甜型酒**

## 品飲筆記與香氣輪廓

品飲筆記其實有過於簡化的嫌疑，因為這類筆記通常不會記錄酒農與他們的釀酒哲學，而是記錄一款酒在特定時間點與背景之下的表現。以自然酒而言，這尤其是個問題。簡而言之，所有在〈自然酒窖〉這部分所提及的品飲筆記，都應該視為未經調味的未完成品。

為什麼呢？舉例來說，記錄葡萄酒的香氣輪廓，原意是為了讓讀者了解這款酒在口中的滋味為何，以及其新鮮度與辛辣特性的表現，而非代表酒款「必定」會有的香氣與風味。品評葡萄酒時，的確有一些用來評估架構與平衡的客觀標準，如酸度、單寧，或果香與酒精濃度的明顯程度，但一款酒的香氣與風味卻是相當主觀的，更容易因品飲人的文化背景而有所不同。舉例而言，如果你不曾嘗過醋栗，甚至不曾聞過或吃過剛抹上奶油的熱吐司，自然不會在葡萄酒中察覺到這些風味。然而，你也許曾經有過其他能夠提供同樣味覺或嗅覺記憶的經驗。以抹上奶油的熱吐司而言，這類經驗可能是含有乳脂、有麥芽味且鹹鹹的味道或香氣，而你便能以此做為參考值。因此，如果你確實嘗到我所提及的香氣或風味，恭喜你；如果沒有，倒也沒什麼好擔心的。

我們的葡萄酒體驗通常與當下的情緒有關，如品飲的地點或一同品飲的對象，而非特定的品飲筆記或分數。因此，我建議你把品嘗葡萄酒視為品嘗一盤可口的乳酪、高純度巧克力，或是香氣細緻的咖啡一般，體驗酒中的香氣和風味變化的過程、不同酒款口感如何變化，又或是品嘗這些酒款的感受。品嘗時，你是感到舒服還是不安？酒款會讓你感到煩悶，還是覺得心情愉快？在對健康有益的前提之下，品嘗自然葡萄酒應該是個感性的體驗。所以，不妨多用心，少用腦。

上圖：
對酒農而言，年份無好壞之分，只有容易或困難的不同。有些年份豐收，有些則不；有些年份日照充足而豐裕，有些則較潮濕而清瘦。因為自然葡萄酒不做任何「矯正」的動作，所以年份差異會比非自然酒更加明顯。

「撇開腦中所有的葡萄酒知識，放膽去試吧！選瓶酒，別擔心我的評價。」
伊莎貝爾‧雷爵宏，葡萄酒大師，人稱「那個法國瘋女人」

# 如何解讀葡萄酒品飲筆記

　　右邊的葡萄酒範例旨在解釋〈自然酒窖〉中列出酒款的明細。舉例來說，每一個編號都列有酒款的酒莊名稱、產區，以及使用的葡萄品種等。

### ❶ 酒莊名稱

　　這是生產者名稱。由於本書內大部分的生產者都自行釀酒，讀者可從酒莊名稱自行搜尋該生產者的其他酒款。這些都是相當不錯的生產者，所以不用擔心踩到地雷。

### ❷ 酒名

　　由於不是每一款酒都有特定酒名，所以這個項目為選擇性列出（以酒標為準）。

### ❸ 產區

　　列出這款酒的葡萄園和／或釀酒廠的地理位置。要注意的是，許多自然葡萄酒都屬於「餐酒」等級（或是類似等級），這通常是生產者的選擇，但也有時是受限於當地產區規範。因此，本文列出的產區，並不等同於該款酒的法定產區（AOC、IGP、DOCG 或其他法定產區）。

### ❹ 產國

　　絕大多數的酒款都選自法國與義大利，因為較多傳統、非高科技釀法的酒款都坐落於這兩國境內。不過，類似的酒款在全世界各地都可找到，如南北美洲、奧地利、澳洲、南非，甚至是喬治亞。自然酒葡萄園也許就在你身邊。

### ❺ 年份

　　雖然不同年份的酒款嘗來不同，但請讀者不要擔心年份的「好」或「壞」，試著忠於品質優異的生產者吧！他們用品質優良的葡萄，每一年都能釀出有趣的酒款。

### ❻ 葡萄品種

　　這份酒單裡包括了你可能認識的葡萄品種，以及一些較為陌生的品種，這是因為許多自然酒農使用當地傳承的葡萄品種釀酒。但讀者不需要因為品種而心生畏懼，別忘了，它們只是釀酒環節的一部分。

### ❼ 酒色

　　在氣泡酒與甜酒的部分，列出酒款顏色，如紅、白、橘或粉紅色。

### ❽ 介紹

　　提供更多關於葡萄酒的資訊，以及相關軼事或特出之處，如其吸引人的口感質地，或如珍珠般令人想一喝再喝的氣泡感等。除此之外，倘若這款酒有其他值得推薦的同類型酒款或酒農，也會在這裡提出，以便讀者繼續深入發掘。

### ❾ 二氧化硫添加量

　　本書提到的所有酒款，其添加的二氧化硫都不會超過每公升 50 毫克（mg/L），事實上，書中絕大多數的酒款都不曾添加二氧化硫。我將二氧化硫的添加量列進品飲筆記中，方便對於該成分較敏感的讀者迅速獲得此訊息。但請謹記，這些添加量其實遠比傳統酒款低了許多

### ❿ 香氣輪廓

　　旨在提供讀者品嘗酒款時，可以注意的香氣與風味。不過，請注意這些形容詞是極為主觀的，依人品嘗，自然各有不同（請參見對頁的「品飲筆記與香氣輪廓」）。

---

❶ Jolly-Ferriol, ❷ Pet'Nat

❸ 胡西雍，❹ 法國，❺ 2012

❻ 小粒種蜜思嘉與亞歷山大蜜思嘉　❼（白酒）

　　葡萄來自南法滿布片岩與泥灰的葡萄園。這款酒是該酒莊不添加二氧化硫的系列酒款之一，由 Jean-Luc Chossart 與 Isabelle Jolly 夫妻釀成。他們買下的這個地塊是阿格利河谷最古老的酒園之一，而該酒莊品質絕佳的加烈自然甜酒值得密切注意；這是該產區的經典酒款類型。

❾ ＊無添加二氧化硫

❿ 百合花｜橙花｜柑橘內皮

酒體輕盈的葡萄酒

酒體中等的葡萄酒

酒體飽滿的葡萄酒

市場上如今充斥著出色的氣泡酒，更有為數漸增的酒農開始著手研究自然氣泡酒。要釀出氣泡酒有很多方法，包括使用現代科技的「打氣筒法」（Bicycle Pump Method，將二氧化碳灌入靜態酒中讓酒款產生氣泡），或是「夏瑪法」（Charmat Method，讓酒款於大型桶槽中二次發酵，以產生二氧化碳，而非於瓶內發酵）。其中又以夏瑪法最廣為使用，普賽克氣泡酒（Prosecco）便是以此法釀成。不過，不同於以上兩者，本章節介紹的氣泡酒，全部以傳統或祖傳的瓶內二次發酵法釀成。

# 氣泡酒

## 傳統法

這可能是最廣為人知的氣泡酒釀法，香檳（Champagne）便是依循此法釀成。普遍認為傳統法是釀造最高品質氣泡酒的方式，但其實是無稽之談，因釀造高品質氣泡酒有諸多方式可循。香檳之所以能登上如今的地位，純粹是因行銷力道較其他氣泡酒來得強。

以傳統法釀氣泡酒，要先釀出稱為「基酒」（base wine）的靜態酒，然後與酵母菌和糖一同裝瓶，以利基酒於瓶中開始二次發酵、產生二氧化碳；以傳統法釀成的自然氣泡酒，則是用葡萄汁中的天然酵母和糖裝瓶後發酵。傳統法氣泡酒依法規定還需經除酒渣（disgorged）——即除去瓶中死去的酵母。

雖然香檳是傳統法氣泡酒中名聲最響亮的，我的酒單內卻沒有囊括任何香檳，因為釀造真正的天然香檳目前並不合法。要稱為香檳，酒款依法需要加入酵母菌以啟動瓶內二次發酵，這聽起來可能相當荒謬，但在此過程中，酒農依法不能加入未發酵葡萄汁（must）——即便葡萄汁來自同年份、同葡萄園，甚至同批葡萄。位於倫敦的香檳協會（Champagne Bureau）在 2013 年秋天時標示：「歐盟明文規定，使用新鮮葡萄汁確實合法，但香檳區允許添加的糖液（liqueur de tirage，為啟動二次發酵所加入瓶中的液體）包括蔗糖、濃縮或精餾葡萄汁，卻不包含未發酵葡萄汁。」

左圖：
Costadilà酒莊位於義大利唯內多，其 col fondo procecco 自然氣泡酒是當地釀酒新浪潮中，強調瓶中發酵的 Prosecco 風格氣泡酒之一。

對頁：
過去數年來，自然氣泡酒呼聲不斷，而且不難理解原因：它們可以說是全球最令人興奮且最易飲的酒款之一。

　　既然這份酒單只選擇不額外添加酵母菌或糖分的酒，香檳自然無法名列其中。不過清單倒是列入以未發酵葡萄汁實驗性釀酒而聲名顯赫的香檳區酒農 Anselme Selosse，以及 Frank Pascal、David Léclapart 與 Cédric Bouchard。這些出色的酒農都非常重視以自然方式釀酒，他們的酒款也很值得細細品嘗。

## 祖傳法

　　「祖傳法」（Ancestral Method）也稱為「農村法」（Rural Method），是釀造氣泡酒最古老的方法之一：將發酵中的葡萄汁直接裝瓶，讓酵母轉化糖分而產生的二氧化碳直接困在瓶內。儘管聽來既簡單又美妙，執行上卻相當困難，因為太晚裝瓶會讓氣泡酒扁平無氣，太早裝瓶又可能因二氧化碳過多導致瓶身破裂。這是一門講求精準的釀酒技藝，酒農需要抓準時間裝瓶，以成就出恰如其分的瓶內大氣壓力、酒精濃度與甜度。以祖傳法釀出的酒款免不了會有瓶差，依發展程度不同，某幾瓶酒的殘糖量可能會高於其他的，但這種酒最有趣之處，莫過於其發展的過程。

　　為數不少的酒款可能有沉澱物：隨著釀造手法的微調，量會跟著改變，且每一瓶的狀況不盡相同。絕大多數的生產者會略微過濾葡萄汁，可能在裝瓶前，也可能在上市前。

　　品質優異的自然微泡酒（Pet Nats，即 Pétillants Naturels）在法國、義大利與其他地方較為人所熟知。這個自然酒世界中最令人興奮的類別性價比極高，許多生產者均釀有風格多元的自然氣泡酒，但產量普遍偏低，每年僅約 3,000～4,000 瓶不等。這些自然氣泡酒也有各種顏色，從白、粉紅、橘到紅。以下酒單會分別列出不同顏色。

### 酒體輕盈的氣泡酒

**Quarticello, *Despina Malvasia***

**義大利艾米利亞－羅馬涅（Emilia Romagna），2012**

馬爾瓦西（malvasia）（白氣泡酒）

　　正如頁 142 提到的 Cinquecampi 酒莊，義大利紅氣泡酒 Lambrusco 如今正在艾米利亞－羅馬涅產區捲土重來，形成一股不可小覷的釀酒新風潮，而 Quarticello 酒莊莊主 Roberto Maestri 正身處其中。這款白氣泡酒展現輕盈的泡泡，帶有花香與些許杏桃香，香氣濃郁而清晰，風味精準且直接。

＊二氧化硫總含量：36 毫克／公升

忍冬｜荔枝｜西洋梨

---

**La Ferme des Sept Lunes, *Glou-Bulles***

**法國隆河，2011**

佳美（gamay）（粉紅氣泡酒）

　　說真的，這款酒我可以一次喝掉數加侖。這款酒是終極野餐良伴，柔和而多汁的個性，更適合夏日飲用。一如許多其他酒農，La Ferme des Sept Lunes 也崇尚複合式農耕，園中的葡萄是與杏桃樹、穀物，甚至動物一同長大。

＊無添加二氧化硫

覆盆子｜肉豆蔻｜棉花糖

**Domaine Mosse, *Moussamousettes***

**法國羅亞爾河，2012**

grolleaugris、佳美、卡本內（粉紅氣泡酒）

　　品嘗這款輕巧並帶有淺薄泡泡的自然酒之前，別忘了輕搖瓶身，以確保酒中沉澱物與酒液結合，如此一來才能嘗得到這款酒有趣的質地（這適用於所有酒色混濁的氣泡酒）。除了這款粉紅氣泡酒，Mosse 酒莊也釀有一系列驚為天人的白梢楠（chenin blanc）靜態白酒。

＊二氧化硫總含量：20 毫克／公升

蓮霧｜白醋栗｜芹菜

---

### 酒體中等的氣泡酒

**Costadilà, *280 slm***

**義大利唯內多，2011**

glera（橘氣泡酒）

　　這支酒色帶橘的氣泡酒，滿載花香，口感綿密，並帶有單寧感。這是因為酒款經浸皮發酵 25 天，期間不曾控制發酵溫度。酒款於瓶中二次發酵時，加的是新鮮未發酵葡萄汁（來自乾燥、壓榨過的同年份葡萄）與野生酵母。釀酒全程無添加物。

＊無添加二氧化硫

攪碎米粒｜桃子｜薑

---

**Domaine Breton, *Vouvray Pétillant Naturel Moustillant***

**法國羅亞爾河，2011**

白梢楠（白氣泡酒）

　　La Dive Bouteille 莊主 Pierre 與 Catherine Breton 夫妻所釀的氣泡酒與靜止酒均相當傑出，其中又屬這款具有可口烤蘋果和肉桂香氣的氣泡酒最得我心。這款可口的白氣泡酒帶有烤蘋果與肉桂調性，而且氣泡非常綿密。

＊無添加二氧化硫

蜂蠟｜肉桂｜烤蘋果

### Salinia, *Twenty-Five Reasons*
**美國加州，2011**

白蘇維濃（sauvignon blanc）（白氣泡酒）

　　這款濃郁撲香的白氣泡酒口感質地絕佳。釀酒師 Kevin Kelley 以浸皮和整串葡萄發酵釀成，並建議將酒瓶直立於冰箱中過夜，待沉澱物降至瓶底後再行飲用。這麼做是為了讓飲者從原本的清澈的酒液一路品嘗到底部混濁的部分，以此體驗瓶中沉澱物對酒款的影響。

＊無添加二氧化硫
**醋栗｜接骨木花｜啤酒花**

### Les Vignes de Babass, *La Nuée Bulleuse*
**法國羅亞爾河，2012**

白梢楠（白氣泡酒）

　　Sébastien Dervieux（又名 Babass）離開了與 Pat Desplats 共事的 Les Griottes 酒莊後，便成立了自己的莊園。如今管理 Joseph Hacquet 老葡萄園的正是他（見〈自然酒運動的緣起〉，頁 116）。這款色呈暗黃的氣泡酒留有些許殘糖，展現出蜂蜜香氣和綿密的口感，另有少許深色香料味與絕佳的濃郁風味；後者是管理得宜的葡萄園釀成的酒款常見的特質。

＊無添加二氧化硫
**金合歡｜蜂蜜｜成熟的西洋梨**

### Domaine de l'Octavin, *Foutre d'Escampette*
**法國侏儸，2012**

夏多內（白氣泡酒）

　　這款酒嘗來有如新鮮葡萄果汁，風味如花蜜一般，足以為飲者帶來簡單的享受。我在 2013 年 8 月品嘗時，發現這款酒還需要多陳放一些時間，因為殘糖量依舊太明顯，酵母還沒把糖吃乾淨，但這款酒潛力無限。

＊無添加二氧化硫
**蘋果汁｜香草｜哈密瓜**

# 酒體飽滿的氣泡酒

### Casa Caterina, *Cuvée 60, Brut Nature*
**義大利 Franciacorta，2007**

夏多內（白氣泡酒）

　　擁有該酒莊的 Del Bono 家族，早在 12 世紀便於此區定居與耕種。酒莊占地 7 公頃，種有多種葡萄品種，均用來釀造產量極低的多樣化酒款，每款酒僅產約千瓶不等。這款名為 Cuvée 60 的氣泡酒和酵母渣浸泡陳年了近五年之久，發展出有如麵包一般的香氣，極為複雜，同時保留了如檸檬香蜂草般美好的新鮮調性。口感質地則相當綿密，嘗來成熟、圓潤，香氣風味奔放，另留有一絲甜感。

＊無添加二氧化硫
**金冠蘋果｜奶油麵包｜芝麻籽**

### Jolly-Ferriol, *Pet'Nat*
### 法國胡西雍，2012

小粒種蜜思嘉與亞歷山大蜜思嘉（白氣泡酒）

　　葡萄來自南法滿布片岩與泥灰的葡萄園。這款酒是該酒莊不添加二氧化硫的系列酒款之一，由 Jean-Luc Chossart 與 Isabelle Jolly 夫妻釀成，他們買下的這塊地是阿格利河谷（Agly Valley）最古老的酒園之一。品質絕佳的加烈自然甜酒（Vins Doux Naturels）值得密切注意，這是該產區的經典酒款類型。

＊無添加二氧化硫

**百合花｜橙花｜柑橘內皮**

### Camillo Donati, *Malvasia Secco*
### 義大利艾米利亞─羅馬涅，2009

馬爾瓦西（橘氣泡酒）

　　Camillo 的葡萄酒多半個性鮮明而令人興奮不已，他的氣泡酒自然也不在話下。這款酒經 48 小時浸皮，釀出令人想要「一口咬下」的質地，並帶出馬爾瓦西花香滿溢的特性。而這款酒竟能在開瓶後整整兩天還表現得相當優異。我做了極為簡單的義大利麵（僅以橄欖油、鼠尾草與陳年易碎的帕馬森乳酪片調味）佐餐搭酒，嘗來可口極了。

＊無添加二氧化硫

**突厥薔薇｜荔枝｜墨角蘭**

### Domaine de Montrieux, *Boisson Rouge*
### 法國羅亞爾河，2011

佳美（紅氣泡酒）

　　這款由 Emile Hérédia 釀造的紅氣泡酒展現討喜的新鮮感與易飲特性，細緻的單寧有助於平衡微甜的口感。Emile 以其 pineau d'Aunis 葡萄釀成的酒款享譽於世，值得找來一嘗究竟。

＊無添加二氧化硫

**西洋蜜李｜辣椒｜胡椒**

### Les Vignes de l'Angevin, *Fêtembulles*
### 法國羅亞爾河，2011

白梢楠（白氣泡酒）

　　Jean-Pierre Robinot 是法國最早開始支持自然酒的人。他最初是一位葡萄酒作家，之後與合夥人在法國創辦了 *Le Rouge et Le Blanc* 雜誌。除此之外，他更是第一位在巴黎成立自然酒吧的人，這要追溯至 1980 年代，在他決定離城入鄉自己下田種酒前。這款白氣泡酒色深、複雜，嘗來極為不甜，並展現酵母帶來的麵包調性，以及幾乎如鋼鐵一般的礦物風味。帶著馬鞭草香氣，口感完全不帶甜味。

＊無添加二氧化硫

**麵包｜枸杞｜歐洲青蜜李**

### Cinquecampi, *Rosso dell'Emilia IGP*
### 義大利艾米利亞─羅馬涅，2011

lambrusco grasparossa、malbo gentile、marzemino（紅氣泡酒）

　　紅氣泡酒在市面上較為罕見，相當可惜。不過，義大利的艾米利亞─羅馬涅產區倒是出產了一些相當精采的紅氣泡酒，包括這支在內。這款酒酒體飽滿、單寧濃郁，酸度清新爽脆，帶有 lambrusco 典型的深色果香，嘗來鹹鮮帶有肉感，非常適合搭配多油脂的料理。這款酒僅釀了 3,000 瓶；Cinquecampi 酒莊的全系列酒款均不添加二氧化硫。

＊無添加二氧化硫

**黑醋栗｜黑橄欖｜紫羅蘭**

對頁：
轉瓶時，酵母渣（死去的酵母細胞）會被轉到氣泡酒瓶口，以便順利除渣（disgorgement）。

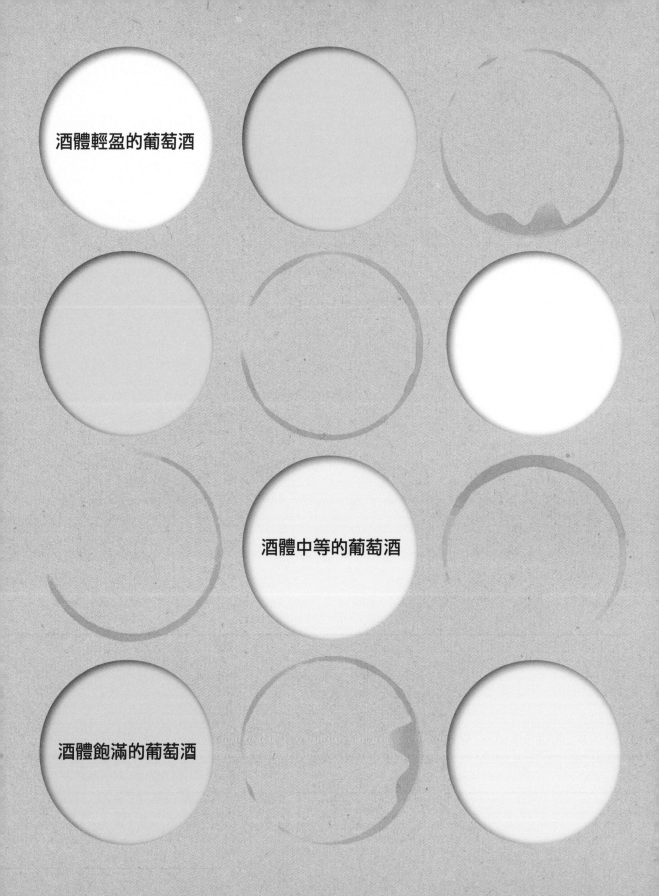

酒體輕盈的葡萄酒

酒體中等的葡萄酒

酒體輕盈的葡萄酒

酒體飽滿的葡萄酒

**如**果你常喝一般類型的白酒，自然白酒應該會令你感到驚呼連連，這是因為自然白酒的酒體通常較飽滿，風格也比一般白酒更加明顯，甚至到不尋常的程度。而自然白酒的風味更多元，相較於一般白酒，也少有艱澀的酸度。

# 白酒

## 關於釀造

自然白酒常以直接壓榨法（pressurage direct）釀造，意指在無葡萄皮接觸（或僅接觸數小時）的情況下壓榨並進行發酵。少了釀製紅酒的浸皮過程，白酒便無法獲取來自葡萄渣（果皮、果籽與果梗）的天然單寧或抗氧化劑，因此釀造中的自然白酒遠比紅酒或橘酒來得更為脆弱，過程也相對辛苦。

由於自然酒生產者不使用一般釀酒業者慣用的二氧化硫或溶菌酶，他們通常很難克服心裡那股葡萄汁或酒會因接觸氧氣而慘遭氧化的恐懼感。就某方面而言，我認為酒農們正需要在這最初期的釀酒階段放下恐懼，全然相信大自然的力量。要堅信，只要葡萄夠健康並擁有夠充分的微生物群，便無需畏懼氧化的可怕；即便是眼前的葡萄汁已開始變成褐色，他們也得記住，隨著時間演進，酒款終究會轉回淡色，因為酒中的天然酵母與各樣細菌也會盡忠職守地澄清酒液。

## 為何嘗來如此不同？

無可否認的是，氧化的確會改變酒款的質地與風味，而自然白酒所帶來的爭議，正是來自於其氧化的個性。確實，許多攻擊自然酒的論點都將矛頭對準了白酒。你可能會聽到有人說自然白酒喝起來跟蘋果酒沒兩樣，也有人說酒氧化了，更有人會（錯誤地）形容酒中有氧化風味。當然，有些自然白酒確實是氧化了，也會出現宛如蘋果酒般的風味，但事實上，「氧化」一詞被濫用的程度，絕對超出你的想像。

左圖：
法國隆格多克的 Julien
Peyras 是極具潛力的生產
者。

行採收，釀成的酒會出現甘美多汁的洋槐花蜜香，以及圓潤綿密的口感質地。酒款飽滿且寬廣的特性足以令人驚豔。相較於你平常習慣的那股鮮活帶著高酸度、口感清淡的白蘇維濃，難怪前者會被誤以為已氧化。這兩者的差異，大概像水耕種植、不熟的冬季番茄，與夏季時分西西里農夫市集所販售的番茄一般。想像你這輩子吃的番茄都是前者，直到你偶然間大口咬下那完熟且種植良好的西西里番茄，你恐怕還真不知道該對口中的番茄作何感想呢！其濃郁的風味令人難以抗拒，相較於荷蘭鹿特丹溫室內淡而無味、明顯酸澀的番茄，你也許真的會覺得西西里番茄有些「氧化」或甚至帶有風乾番茄的味道；兩者的風味簡直天差地遠。但我並不是說自然酒都沒有氧化味，而是氧化的自然酒遠比你想像中來得少。

自然酒另一層複雜的風味，則要歸咎於乳酸發酵（Malolactic fermentation，簡稱 MLF 或 Malo，見〈發酵過程〉，頁 57-61）。發酵期間不添加二氧化硫的酒款，常免不了會經歷乳酸發酵的過程。這個再次發酵過程通常在酒精發酵之後發生，能使好菌將存在於葡萄汁中的蘋果酸轉換成乳酸。由於乳酸較蘋果酸更為柔和，嘗來口感也更寬廣，如此的轉變，便會徹底改變酒款的質地與風味。此外，由於負責進行乳酸發酵的細菌通常會視當年的環境情況而變，因此，如同 Château Le

如果你喝到一款自然白酒——特別是沒有加二氧化硫的酒，其質地、成熟度與豐富的程度，會與一般白酒相當不同；後者多半在溫控環境中釀成、以人工酵母發酵，並經過消毒或過濾等步驟。以廣受全球歡迎的國際品種白蘇維濃為例吧！許多飲者熱愛其鮮活的特性、明顯的柑橘和醋栗風味，以及口中活潑的酸度。對許多人而言，白蘇維濃的個性正是如此。好，現在請想像這個原本你以為輕浮、膚淺的品種，其實還有另一個較為深沉、嚴肅的一面。若是使用產率均衡、有機種植的白蘇維濃，並待其完全成熟後再

Puy 酒莊的 Jean-Pierre Amoreau 在 2013 年 9 月時的解釋一般：「如果你刻意限制乳酸發酵的產生，你就沒資格談風土。」

　　釀造一般白酒的生產者通常不太喜歡乳酸發酵，他們傾向於省略或刻意跳過這個步驟，以釀出帶有鮮活口感的白酒。為阻止乳酸發酵，這些生產者會降低酒款溫度，凍死轉化乳酸的細菌，或添加足以摧毀它們的二氧化硫劑量。反對乳酸發酵的生產者，強調飲者想要的是清新、鮮活的白酒，因此他們要想辦法釀出符合飲者需求的酒款；這在德國與奧地利可以說是家常便飯。

　　在我看來，省略了乳酸發酵無疑是在阻擋葡萄酒的發展過程，令飲家無法品嘗到葡萄酒所能提供的完整風味與質地。經歷了乳酸發酵的酒款，遠比不曾經過乳酸發酵的酒款更具表現性，也更奔放；而不刻意阻擋乳酸發酵，才是自然酒的真諦。如果當年份發生了，那就讓它自然進行；如果沒有，那也無需苛求。

　　另外一提：本章提到的所有自然白酒都是不甜的干型酒。

下左：
本章節中提到的許多酒農也釀有多種類型的酒款，許多都非常值得一試。這家 La Ferme des Sept Lunes 便是其一（圖中為紅、白酒）；該酒莊的氣泡酒介紹可見頁 140。

下右：
更多關於 Hardesty 酒莊的麗絲玲請見頁 157。

# 法國

## 法國
## 酒體輕盈的白酒

### Recrue des Sens, *Love and Pif*
**布根地 Hautes Côtes de Nuit，2011**

阿里哥蝶（aligoté）

Yann Durieux 是布根地近年來最令人感到興奮的生產者之一。在 Prieuré-Roch 酒莊（是一家和 Domaine de la Romanée Conti 相同、超級傳統的自然風布根地酒莊）工作了十年之後，Yann 如今已開始嶄露頭角，更可能成為下一顆新星。品嘗他的 Love and Pif 干白酒，會讓你納悶高貴葡萄到底是哪裡贏過了這被低估的阿里哥蝶。酒款的深度與細節之多，令人驚豔。

＊無添加二氧化硫

**牡蠣殼｜白胡椒｜梨子汁**

### Domaine Julien Meyer, *Nature*
**阿爾薩斯（Alsace），2012**

希爾瓦那（sylvaner）、白皮諾（pinot blanc）

雖然遍地可見有機與自然動力葡萄園，法國阿爾薩斯產區的許多酒農卻重度仰賴二氧化硫，這讓如 Patrick Meyer 的酒農少之又少。他才一接手管理酒莊，便開始著手降低酵素與人工酵母的使用量。正如他所說，使用這些東西一點也不合理。如今，他已成為鼓舞人心的酒農代表，其葡萄園土壤充滿生命力，據說即便在冬天也能保持溫暖。這款自然白酒是價格最親民的一款，酒體輕盈，香氣芬芳，嘗來雖不甜，質地卻有如蜂蜜般濃稠。

＊無添加二氧化硫；有經過濾。

**茉莉花｜奇異果｜八角**

### Lestignac, *Les Abeilles*
**貝傑哈克（Bergerac），2012**

白蘇維濃、榭密雍（sémillon）

早在 2008 年起，Camille Marquet 與 Mathias Marquet 這對潛力無窮的年輕夫妻便在貝傑哈克耕種這塊占地約 13 公頃的土地。他們蒐集野生香草，製作茶包，用以增強葡萄園的自然抵抗力。這款 Les Abeilles 溫和而綿密，有如現擠的甜瓜汁，嘗來鮮美可口，易飲到彷彿不像是酒精飲料一般。我首次品嘗時，酒中還殘留一些二氧化碳。

＊二氧化硫總含量：22 毫克／公升

**洋槐花｜芒果｜鮮奶油**

# 法國
# 酒體中等的白酒

### Les Maisons Brûlées, *Poussière de Lune*
### 羅亞爾河，2011

白蘇維濃

　　占地 8 公頃的 Les Maisons Brûlées 酒莊名稱為「燒焦的房子」之意。過去坐落於酒莊葡萄園原址之一的小村莊，神祕地毀之一炬；酒莊名稱源自於此。酒莊原本由 Béatrice Augé 與 Michel Augé 所擁有，後者曾是法國第一個自然動力法釀酒合作社的社長；然而，隨著 Augé 夫妻退休，酒莊已於日前售出，這無疑是自然酒迷的一大憾事。

　　這款酒釀自樹齡 70 年的老藤，香氣撲鼻而油滑，呈現出汽油般的氣味，口感濃郁，風味成熟，可口極了。

＊無添加二氧化硫

**熟梨｜檸檬｜甘草**

### Julien Courtois, *Originel*
### 羅亞爾河 Sologne，2010

menu pineau、romorantin

　　聲名遠播的 Claude Courtois 之子 Julien Courtois，在距離巴黎兩小時車程的 Sologne 地區釀酒。他的葡萄園占地僅 4.5 公頃，種植的葡萄品種卻有七種之多，而他的毛利裔妻子 Heidi Kuka 負責為酒款妝點美麗的酒標。Julien 的酒款向來展現出無與倫比的純淨度，風格內斂，具有礦物風味，這款 Originel 也不例外。

＊二氧化硫總含量：10 毫克／公升

**煙燻味｜新鮮胡桃｜薄荷**

### Domaine Houillon, *Savagnin Ouillé*
### 侏儸 Pupillin，2004

savagnin

　　該酒莊由自然酒忠實信徒 Pierre Overnoy 擁有並經營超過了 30 年後，如今交付給與他同樣能幹的義子 Emmanuel Houillon。這款白酒在桶中陳放八年之後，於 2012 年 6 月才裝瓶，如今嘗來極具深度，展現多層次的風味，餘韻綿長。

＊無添加二氧化硫

**新鮮胡桃｜芥末籽｜洋槐花**

### Matassa, *Vin de Pays des Cotes Catalanes Blanc*
### 胡西雍，2010

灰格那希（grenache gris）、macabeo

　　Tom Lubbe 在南法 Calce 區落腳之前，是在如今相當受歡迎的南非斯瓦特蘭成立 The Observatory 酒莊。在當時無論是就種植或釀酒而言，The Observatory 都相當前衛。延續同樣風格的 Matassa 酒莊是 Tom 的新計畫，幸運的是，從這裡的 Romanissa 葡萄園頂端往下眺望，壯觀且無際無際的景致，還真的不輸非洲。這款風格高雅、酒體輕盈的干白酒，葡萄選自以片岩土質為主的葡萄園，有著乾燥香草、口感略鹹與生津止渴的薄荷腦調性。

＊二氧化硫總含量：12 毫克／公升

**鼠尾草｜烘烤杏仁｜薄荷腦**

### Catherine and Gilles Vergé, *L'Ecart*
### 布根地，2005

夏多內

　　Vergé 夫妻大概是我去年認識的所有酒農中最低調且神祕的一對。Catherine 與 Gilles 的酒款足以讓積極倡導零二氧化硫添加量的酒評大感驚豔。這款 L'Ecart 來自酒莊樹齡 89 歲的葡萄園，窖藏五年後才釋出，這在該酒莊不足為奇。事實上，漫長的陳年時間有助於酒質的穩定，即便是開瓶數週後，酒質都鮮少改變。撰文期間，我曾自行試驗過這支酒款到底可以放多久。我在 2013 年 10 月開瓶，偶爾倒上一杯後，便隨性地塞回軟木塞，絲

上圖：
葡萄酒最好能躺平儲存，以確保軟木塞保持濕潤。

毫不理會瓶中氧氣多寡，再放回我那原本是維多利亞時期的輪煤槽改建而成的潮濕酒窖裡。倒出最後一杯時，酒瓶裡僅剩一丁點酒液，時間是 2014 年 1 月，表示這款酒整整維持了三個月；讓我驚愕不已。

　　這款堅定的夏多內展現了所有特級園（grand cru）應有的特質，口感緊緻、架構優良，極為新鮮，並有鋼鐵一般的質地，以及彷彿能一口咬下的礦物感。L'Ecart 酒香極為濃郁而多層次，帶有甜美新鮮的奶油、些許鹹味與煙燻味，以及令人陶醉的花香。這款佳釀出乎意料，愛酒人不可錯過。

＊無添加二氧化硫

煙燻味｜忍冬｜礦物味

 # 法國 酒體飽滿的白酒

**Domaine Les Griottes, *La Navine***
**羅亞爾河，2011**

白梢楠

　　Pat Desplats 對自己的土地近乎狂熱，以致無法「狠下心來」犁地，僅以鋤頭輕扒葡萄根部周圍的土壤。依他的說法，這「和前人的做法相同」。這款顏色深金的白酒釀自樹齡 70 年的白梢楠，嘗起來爆發力十足，口感緊緻，足以平衡豐富且極具張力的風味。這是一支可口、具有勁道且超乎尋常的白酒，並展現出如冰川一般凜冽的酸度。品嘗時不妨在口中吸進一些空氣，你會發現其涼爽的新鮮感，還真的有點像是在咀嚼爽脆的冰塊。

＊無添加二氧化硫

羅望子｜薑｜柿子

**Le Petit Domaine de Gimios, *Muscat Sec des Roumanis***
**隆格多克 St-Jean de Minervois，2011**

蜜思嘉

　　Anne-Marie Lavaysse 與兒子 Pierre 所釀造的干型蜜思嘉白酒，大概是鄰近產區中最為純淨的一款。葡萄園位於坐落在外露的石灰岩上，地中海灌木叢滿布其間。不同於釀造甜型加烈酒（fortified）的當地酒農，Anne-Marie 偏好干型，並釀出了產量極小卻相當美麗的佳釀。這款風格強烈的白酒，令人難以抗拒，風味濃郁，芬芳撲鼻，並充滿酚化物質。

＊無添加二氧化硫

乾燥玫瑰花瓣｜荔枝｜百里香

### Domaine Etienne & Sébastien Riffault, *Auksinis*

羅亞爾河 Sancerre，2008

白蘇維濃

　　這款酒非但不同於你過去所品嘗的任何松塞爾，更堪稱是最好的一款。Sébastien 的酒款足以重新定義白蘇維濃的風味，他所釀的酒，大概是現今所有白蘇維濃中最令人印象深刻的 酒款。這支白蘇維濃完全不是松塞爾常見的活潑、標準化的滋味，其風格深沉，香氣撲鼻，並蘊含有礦物風味的緊緻度，維持了松塞爾石灰岩丘陵特有的風格。

＊無添加二氧化硫

**迷迭香｜馬鞭草｜煙燻蘆筍**

### Domaine Léon Barral, *Vin de Pays de l'Herault*

隆格多克，2011

鐵烈與些許維歐尼耶（viognier）和胡珊（roussanne）

　　Didier 位於佛傑爾（Faugères）產區的酒莊是以其祖父為名，是家採用複合式農耕的模範酒莊，實力不可小覷。Domaine Léon Barral 酒莊擁有 30 公頃的葡萄園，以及另外 30 公頃的牧地、休耕地與樹林，更畜有牛、豬和馬匹等多種動物。這款白酒酒體飽滿，嘗來油滑，這個年份的香氣尤其明顯、鮮明。除此之外，他的紅酒──特別是 Jadis 與 Valinière──更具有絕佳的陳年潛力。

＊無添加二氧化硫

**白桃｜胡椒｜檸檬皮**

### Alexandre Bain, *Mademoiselle M*

羅亞爾河 Pouilly-Fumé，2011

白蘇維濃

　　Alexandre 是普依─芙美產區的怪咖。他不只遵行有機耕種，更以馬犁田；除此之外，他還拒絕添加任何酵母或二氧化硫，這讓他的酒款成為此知名產區最細緻也最令人興奮的作品之一。這款 Mademoiselle M 美味而吸引人，而酒莊其他白蘇維濃白酒也同樣值得找來品嘗。

＊無添加二氧化硫

**洋槐花蜜｜些許煙燻味｜鹽**

### Le Casot des Mailloles, *Le Blanc*

胡西雍 Banyuls，2011

白格那希（grenache blanc）、灰格那希

　　Alain Castex 與 Ghislaine Magnier 在靠近西班牙邊界的班紐斯租了塊地，便從這裡釀出了一系列無添加二氧化硫的酒款。他們所種植的梯田葡萄園多以片岩為主，方向與山谷平行，直接從地中海切進庇里牛斯山脈。這款 Le Blanc 目前嘗來有如風暴一般猛烈，美麗而帶有令人驚豔不已的複雜度，隨著時間的演進，會展現出更直接、精準而內斂的個性。

＊無添加二氧化硫

**杏花｜濃鹽水｜蜂蜜**

# 義大利

## 義大利
## 酒體輕盈的白酒

**Cascina degli Ulivi,** *Semplicemente Bellotti Bianco*

**皮蒙，2012**

cortese

　　熱情洋溢的皮蒙人 Stefano Bellotti（就是那個因為在葡萄園中種植桃子樹而跟有關單位槓上的傢伙，見〈圈外人〉，頁 110）著重於酒款的適飲程度，希望釀造一款簡單、可口的 cortese，而這款白酒也確實清爽、芳香而易飲。幾乎所有 Stefano 的酒款都沒有添加二氧化硫。

＊無添加二氧化硫，有經過濾

**歐洲青李｜茴芹｜柑橘**

**Macea,** *Vermentino*

**托斯卡尼，2012**

維門替諾（vermentino）

　　這家占地僅 3 公頃，並遵行自然動力法的小酒莊，是由一對姓 Barsanti 的兄弟擁有並經營，其中 Antonio 是專業花農，Cipriano 則是釀酒師。酒莊坐落於中亞平寧（Central Apennines）與阿普安阿爾卑斯山（Apuan Alps）之間的塞爾基奧河（Serchio River）河谷。這裡不只有釀酒，還出產橄欖油。這款酒僅釀有 1,000 瓶，由於曾與酵母渣浸泡了一年的時間，酒款帶有微苦的酚類特性。

＊二氧化硫總含量：30 毫克 / 公升

**白油桃｜苦葡萄柚｜杏仁**

## 義大利
## 酒體中等的白酒

**Daniele Piccinin,** *Bianco dei Muni*

**唯內多，2012**

夏多內、durella

　　Daniele 與 Camilla 夫妻與剛出生的女兒 Lavinia 一同住在維洛那東北邊的 Alpone 山谷，Daniele 便是在這裡專心致力於原生品種 durella 的種植與釀造。他將自行蒸餾製造的草本製劑用在葡萄園內，以增加葡萄樹的抵抗力（見〈精油和酊劑〉，頁 76-77）。這個新年份酒呈現出 Bianco dei Muni 至今最為溫和而吸引人的一面。

＊二氧化硫總含量：10 毫克 / 公升

**金黃蘋果｜打火石｜忍冬**

## Daniele Portinari, *Pietrobianco*
### 唯內多，2012

白皮諾、friulano

　　Daniele 的葡萄園坐落於貝利奇丘（Berici Hills）西南方，主要種植梅洛、卡本內蘇維濃、白皮諾與 Friulano（當地也稱為 white tai 或 sauvignonasse）。他也釀當地廣為種植的 red tai（即黑格那希 grenache noir）。這款 Pietrobianco 以白皮諾和 friulano 調配釀成，嘗來相當可口，由於 friulano 曾經過短暫浸皮（一週），口感因此較具分量。這是款飽滿、鹹鮮並帶有白色果香與堅果調性的白酒。

＊無添加二氧化硫

**白桃｜腰果｜葡萄柚**

## Le Coste, *Bianco*
### 拉齊奧（Lazio），2009

procanico 為主，另有 malvasia di candia、馬爾瓦西亞 puntinata、維門替諾、greco antico、ansonica、verdello 與 roscetto

　　2004 年，Gian-Marco Antonuzi 在距離羅馬 150 公里、位於托斯卡尼邊界的 Viterbo 省，買下 3 公頃的廢棄丘陵地；當地人稱這裡為 Le Coste，此名也沿用至今。但自 2004 年起，莊園的占地已逐漸擴大，如今更種有果樹、橄欖樹、樹齡超過 40 歲的葡萄樹（租來的），以及一處地質古老的臺地，Gian-Marco 與妻子還打算在這裡養一些動物。這款以 procanico（85%）為主的調配白酒在大型舊木桶裡發酵了超過一年，再經窖藏一年後才裝瓶釋出。

＊無添加二氧化硫

**榅桲｜堅果味｜礦物味（火山土壤）**

## Emidio Pepe, *Pecorino*
### 阿布魯佐（Abruzzo），2010

pecorino

　　建立於 1899 年的 Emidio Pepe 酒莊，從父傳子、子傳孫，孫子再傳到曾孫女，始終由 Pepe 家族經營，如今已由玄孫女 Chiara 接手。由於該家族提供有 1964 年至最近年份的垂直品飲，這讓 Emidio Pepe 酒莊引以為傲地成為唯一一家可供人們品嘗 Montepulciano d'Abruzzo 完整歷史風味的酒莊。這款白酒香氣撲鼻，架構優良，由於經過輕微浸皮，嘗起來幾乎略有單寧感。2010 是這款酒的第一個年份。

＊無添加二氧化硫

**苦扁桃｜新鮮榛子｜薄荷腦（近乎藥用等級）**

## Il Cavallino, *Bianco Granselva*
### 唯內多，2012

garganega、白蘇維濃

　　Sauro Maule 的 Il Cavallino 莊園位於貝利奇丘陵，鄰近 Vicenza。這裡最初是畜牛牧場，名稱得自莊主 Sauro 已逝的父親對於馬匹的熱愛。這款白酒帶香茅氣息，另有煙燻、辣椒與苦扁桃調性（請注意：需要一天的時間醒酒）。

＊二氧化硫總含量：25 毫克／公升

**香茅｜苦扁桃｜辣椒**

## La Biancara, *Pico*
### 唯內多 Gambellara，2011

garganega

　　以價格來說，義大利自然酒巨頭 Angiolino Maule（見〈麵包〉，頁 62-63）與家人所釀的酒款大概是價格最親民也最實惠的酒，然而品質卻遠超過此價位帶，性價比極高。這款顏色淺淡微濁的白酒，來自火山岩土壤的葡萄園，餘韻綿長，口感鹹鮮，並帶有煙燻與綠橄欖調性。

＊無添加二氧化硫

**些許太妃糖｜苦扁桃｜鹹綠橄欖**

# 歐洲其他產區

## 歐洲其他產區
## 酒體輕盈的白酒

**Francuska Vinarija, *Istina***
**塞爾維亞提莫克（Timok），2011**

麗絲玲

　　「全法國最好的風土，都已被發掘殆盡了。」土壤專家 Cyrille Bongiraud 說。他過去曾於兩百餘家酒莊擔任顧問，足跡遍及法國，其中不乏如 Comtes Lafon 與 Zind-Humbrecht 等名莊，另外還有不少在義大利、西班牙與美國。正因如此，他與酒農妻子 Estelle 選擇在歐洲其他國家四處尋覓最好的地塊。別小看 Estelle，她的姑婆過去可是布根地伯恩濟貧醫院（Hospices de Beaune）的院長！幾經尋覓，這對布根地夫妻在中歐塞爾維亞找到一塊位於多瑙河（Danube）河谷中的石灰岩葡萄園。這款 Istina 白酒風格內斂、帶有礦物味與明顯的汽油調性，無疑是典型的麗絲玲風味，嘗來卻具有自然酒特有的圓潤口感（請注意：開瓶兩天後的表現最佳。）

＊二氧化硫總含量：25 毫克／公升

**月桂葉｜白桃｜些許萊姆**

**Stefan Vetter, *Sylvaner, CK***
**德國弗蘭肯（Franken），2011**

希爾瓦那

　　Stefan 在 2010 年時，於巴伐利亞發現了一塊擁有 60 年樹齡的老藤葡萄園。對這塊地，他說自己是「一見鍾情」。一直想種植法蘭克尼亞（Franconia）傳統品種希爾瓦那的 Stefan，如今擁有一塊占地 1.5 公頃的小葡萄園（其中也有少數麗絲玲），用以釀造他的 CK 希爾瓦那白酒。剛開瓶時，這款酒相當閉鎖，需要一點時間才會散發出美妙、可口而細緻的香氣。

＊二氧化硫總含量：37 毫克／公升

**芹菜莖｜泰國青檸（Kaffir Lime）｜鮮奶油**

## 歐洲其他產區
## 酒體中等的白酒

**The Collective (with Imre Kalo), *Gruner Veltliner***
**匈牙利埃格爾（Eger），2012**

綠維特林納（gruner veltliner）

　　The Collective 是我和幾位匈牙利朋友一同開始的計畫。這原本只是個瘋狂的想法，希望能和以天然酵母釀酒、卻使用高劑量二氧化硫的酒農合作，我們希望能藉由這計畫激勵酒農，幫助他們轉型為自然酒農，並釀出完全無添加二氧化硫的限量酒款。

　　在中歐與東歐工作了一段時間之後，我發現這些地區的許多酒農不太願意釀造無二氧化硫的酒款，倒不是因為他們不喜歡，而是害怕消費者不會理解，所以我們決定介入幫忙。The Collective 向合作的酒農夥伴購買葡萄，並請他們在我們的幫助之下，以不添加二氧化硫為前提，為我們釀酒。由於我們已經訂了這桶酒，所以他們不需要擔心酒賣不掉。這不但表示他們不需要獨自走上創新一途，釀出的酒款也比較不會出問題。這是我們與酒農一同合作的結果，而我們也相當以成果為傲。

　　這款酒是與林務官轉型改當酒農的 Imre Kalo 合作釀成，Imre 也是第一位加入此計畫的酒農；我第一次見到他是五年前，當我到匈牙利為旅遊頻道拍攝節目之時。自此之後，The Collective 又多了兩位分別來自賽爾維亞與奧地利的酒農。這款來自埃格爾的綠維特林納白酒是 The Collective 的第一件作品，嘗來可口，帶有香料與花香味，並展現純淨的酸度。產量僅一個橡木桶。

＊無添加二氧化硫

**白桃｜金合歡｜萊姆皮**

**Gut Oggau, *Theodora***
**奧地利布根蘭（Burgenland），2012**

綠維特林納、welschriesling

　　Stephanie 和 Eduard Tscheppe-Eselböck 夫妻於 2007 年接手了位於奧高（Oggau）產區一座老舊但頗具規模的莊園。這座莊園不但具有悠久的釀酒歷史，其中幾道牆甚至早在 17 世紀時便已存在，當時這座莊園還不叫 Gut

Oggau，而名為 Vineyard Wimmer。除了釀出了架構優良的可口酒款之外，Stephanie 與 Eduard 這對夫妻厲害之處，在於釀造出多代家族的酒款，每一款均貼上不同家族成員的臉龐，並加上背景故事和個性以為烘托。這款 Theodora 取名自家族最年輕的成員，但正如同所有年輕女人一樣，這個易飲的酒款會隨著時間更加成熟。

＊二氧化硫總含量：37 毫克／公升

**釋迦｜白胡椒｜小豆蔻**

---

**Mendall, *Abeurador***
**西班牙 Terra Alta，2012**

macabeo

位 於 Tarragona 的 Mendall 酒 莊， 是 由 Laureano Serres 所擁有。他可以說是西班牙的珍寶之一，因為在西班牙不添加二氧化硫的生產者可以說是少之又少。原本在 IT 產業工作的他，決心來個職場大轉彎，走向戶外，起先當上一家合作社酒莊的經理，卻因為試圖幫助會員轉型自然酒農而慘遭開除，之後才開起自己的酒莊。謝天謝地，Laureano 的酒可以說是西班牙不添加二氧化硫的酒款中最令人驚豔的。正如他所說，葡萄酒應該是「由植物而來的水，而非添加了不同原料的湯」。

＊無添加二氧化硫

**黃李（Mirabelle）｜八角｜芥末籽**

---

**Aci Urbajs, *Organick***
**斯洛維尼亞 Styria，2003**

夏多內、kerner、灰皮諾、welschriesling

這家小巧、面南的自然動力法酒莊，坐落於斯洛維尼亞東邊、近克羅埃西亞的邊界上，橫跨 Rifnik 丘，位處山勢陡峭的 Kozjansko 區。這裡的丘陵地上可以找到早在羅馬時期便刻下的葡萄樹遺跡，足以證明此地的釀酒歷史。這款 Organick 大概是整本書中最難找到的一款，但若你有幸喝到，那無疑會為你的品飲體驗留下最美好的回憶。盲飲時，這款酒彷彿陳年布根地般誘人。

＊無添加二氧化硫

**菩提樹｜胡桃｜菸葉**

上圖：
12 月的奧地利，攝於南施泰爾馬克的 Weingut Werlitsch 酒莊。

---

# 歐洲其他產區
# 酒體飽滿的白酒

---

**Weingut Sepp Muster, *Sgaminegg***
**奧地利南施泰爾馬克（Südsteiermark），2010**

白蘇維濃、夏多內

這家莊園可以追溯至 1727 年，過去由 Sepp 的雙親負責耕種，直到 Sepp 與妻子 Maria 旅居國外多年再回國後，才由他們接棒管理。這對心胸開放而前衛的夫妻，無論是在葡萄園或在酒窖都相當積極。Maria 的兩位兄弟 Ewald 與 Andreas Tscheppe（見頁 156）就住在附近，也都是自然酒生產者，三名手足一同在奧地利南部釀製出令人不可小覷的葡萄酒。

這家 Muster 的酒款以地塊分級，而這款 Sgaminegg 白酒（來自多岩的區塊）是所有酒款中嘗來最具岩石與礦物味的一款，高雅與氣質兼具。

＊無添加二氧化硫

**青梅｜番紅花｜新鮮栗子**

---

## Roland Tauss, *Honig*
### 奧地利南施泰爾馬克，2012

白蘇維濃

　　Roland 的自然哲學展現在他生活中的所有層面，就連他與妻子 Alice 一同經營的民宿早餐，也提供了現榨葡萄汁與和鄰居購買的有機蜂蜜。Roland 目前正積極將酒窖中所有「非自然」的東西剔除，包括水泥與不鏽鋼桶槽等大型容器。正如同他在 2013 年 12 月時對我說的，他相信一棵樹需要多年的時間才會茁壯、長大，這絕佳的精力會透過橡木桶傳遞到葡萄酒中；相反的，其他如不鏽鋼桶等在內的冰冷材質則會吸取酒中的精力。我當時品嘗的這款酒沒有添加任何二氧化硫，那時 Roland 也還沒打算要裝瓶。酒液還浸泡在酵母渣內，其香氣之撲鼻，幾乎令人想到格烏茲塔明那（gewürztraminer）所帶有的異國水果味。這是款純淨、美麗的白酒，你幾乎可以聽到她輕吟的樂音。

＊無添加二氧化硫

芭樂｜百香果｜新鮮芫荽

---

## Weingut Werlitsch, *Ex-Vero II*
### 奧地利南施泰爾馬克，2012

白蘇維濃、夏多內（當地稱為 morillon）

　　對土壤組成與土壤中的微生物特別有興趣的 Ewald Tscheppe，是 Maria Muster 的兄弟之一（見上頁）。參訪的那天，我們在他的葡萄園中遊走，他示範給我看如何透過觸摸土壤與觀察不同植物的根部發展，來了解土壤的狀態。只消挖起一些土，就可以看得出哪些地塊的土壤發展良好，哪些則否；即便這兩塊是相連的地塊。我們還可以發現，不同地塊的土壤具有明顯而不同的溫度（土壤內的微生物有助於調節溫度，讓夏天時降溫，冬天時升溫）、不同的顏色（微生物較豐富的土壤通常顏色偏深），甚至是不同的質地（健康的土壤通常摸起來較為鬆軟，反之摸起來則像是水泥一般硬死）。（見〈葡萄園：具生命力的土壤，頁 25-28）

　　這款酒來自奧地利南部的施泰爾馬克，帶有打火石香氣、平衡的橡木辛香料味，與鮮美、剛剝皮的胡桃香氣。酸度明亮，風味集中，口感緊緻，預計還要數年才會達到適飲高峰。雖然我品嘗這款酒時尚未裝瓶，Ewald 向我擔保這款酒不會添加任何二氧化碳。

＊無添加二氧化硫

柿子｜打火石｜胡桃

---

## Weingut in Glanz, *Salamander*
### 奧地利南施泰爾馬克，2011

夏多內

　　這款複雜的白酒香氣豐富，帶有煙燻香氣與深沉的辛香料味（幾乎近似肉桂般），餘韻綿長，並帶有些許鹹味。由於裝瓶時略有殘糖量，導致有幾瓶酒在瓶內開始了二次發酵，讓一些客戶有點緊張。但別擔心，不要被瓶中的小氣泡給嚇壞了，開瓶前記得用手蓋住瓶塞，並輕搖瓶身，有助於消散殘餘的二氧化碳。

　　除了這家酒莊，也別忘了留意富創新精神的 Andreas Tscheppe（上一款 Ewald 的兄弟）與妻子 Elisabeth 所釀的「土埋桶」（Earth Barrel）酒款。夫妻倆在 2006 年開始了 Weingut in Glanz。這個特殊酒款（Erdfass）是將酒桶刻意埋在土裡數個月之久，以便使其沐浴在充滿活力的土壤之中。

＊二氧化硫總含量：32 毫克／公升

水蜜桃｜肉桂｜鹽

---

## Terroir al Limit, *Terra de Cuques*
### 西班牙普里奧拉（Priorat），2011

pedro ximénez、蜜思嘉

　　Dominik Huber 所釀的酒可以說是西班牙最好的酒款之一。從開始一句西班牙文也不懂、甚至也不知釀酒為何物的他，只消十年，已成就了如此卓越的表現。他以驢子耕地，比其他普里奧拉產區的酒農早採收，依葡萄園的不同，分別於大型橡木桶（foudre）中釀造酒款，並採整串發酵（「我們不想萃取只想浸泡」），釀成的酒款極為可口，並帶有當代普里奧拉不常見的凜冽感。Terra de Cuques 中的蜜思嘉經過 12 天的浸皮過程，為酒款添加了更寬廣的口感與蜂蜜般的豐富度。

＊二氧化硫總含量：30 毫克／公升

成熟榲桲｜鳶尾花｜金合歡花

---

# 新世界

## 新世界
## 酒體輕盈的白酒

**Dirty and Rowdy,** *Skin and Concrete Egg Fermented Semillon*

美國加州 Napa Valley，2011

榭密雍

　　Dirty and Rowdy 由兩個家庭組成，分別是前者的 Hardy 與 Kate，以及後者的 Matt 和 Amy。照他們的說法，他們的結合是為了「釀造我們自己想喝的誠實酒款⋯⋯即是那些有膝蓋、有手肘，並擁有開放胸襟的酒款。」正如同許多美國新浪潮自然酒生產者一樣，他們是向酒農購買葡萄的釀酒師。這款 Skin and Concrete Egg Fermented Semillon 採用了兩種釀法：一在蛋型水泥槽中釀造，另一則是以人工踩皮，並在開放式塑膠發酵槽中浸皮發酵。到了 2012 年裝瓶前夕，才將兩者調配裝瓶。

＊二氧化硫總含量：40 毫克 / 公升

菩提樹花苞｜綠百香果｜煤炭

**Hardesty,** *Riesling*

美國加州 Willow Creek，2010

麗絲玲

　　在南加州出生的 Chad Hardesty，對這塊土地的熱愛讓他北上工作，並開始經營起自己的有機蔬果農場。他的蔬果不但成為當地餐廳的食材，也可在當地農夫市集裡見到。隨後，在加州釀酒先鋒 Tony Coturri 的指導之下，Chad 開始釀起酒來；並於 2008 年首度推出他的第一款商業販售年份酒。如今，這位年輕的酒農暨釀酒師已能夠以精準的技藝釀出獨具礦物香氣的酒款，內斂、緊緻，正如他其餘的紅白酒一樣。這款 2010 年的麗絲玲白酒令人喝了還想再喝，新鮮而凜冽。Chad 無疑是一位值得繼續關注的新星。

＊無添加二氧化硫

青萊姆｜葡萄柚｜乾燥鼠尾草

# 新世界
# 酒體中等的白酒

上圖：
El Bandito（橘酒，見頁 169）是另一件 Lammershoek 酒莊的首席釀酒師 Craig Hawkins 的作品，但這是他自己的系列酒款，稱做 Testalonga。

**Lammershoek,** *Cellar Foot Hárslevel*
**南非斯瓦特蘭，2011**

hárslevelu

　　這種原生於匈牙利的葡萄竟然在離家鄉如此遠的地方找到另一個家。這款 Cellar Foot Hárslevel 由南非斯瓦特蘭 Lammershoek 酒莊的 Craig Hawkins 所釀造，酸度新鮮，帶有萊姆調性，簡直就是水果冰沙。這是款香氣奔放的酒，口感卻較內斂。一旦酒款與空氣接觸後，酒款會隨著時間發展出更直接而穩定的特性，美極了。Craig 釀的其他酒款也都很值得找來一嘗，他無疑是南非最優秀的釀酒師之一（見〈圈外人〉，頁 108-111）。

＊無添加二氧化硫

**成熟檸檬｜蜂蜜｜茴香**

**Pearl Morissette,** *Cuvée Dix-Neuvième Chardonnay*
**加拿大尼加拉半島（Niagara Peninsula），2009**

夏多內

　　占地 15 公頃的 Pearl Morissette 酒莊，位於加拿大東南端，是由 François Morissette 與 Mel Pearl 所擁有；前者是在布根地受訓練的法裔加拿大酒農，後者則是多倫多房地產開發商。這塊莊園上還畜有白帶格羅威牛（Belted Galloway）與巴克夏豬（Berkshire pig），都是耐冬的動物，除了以當地穀物餵養，大多是吃天然牧草。這款怡人的夏多內經長時間浸泡酵母渣，質地優異，並維持了纖細而高雅的風格，以及幾乎有如岩石一般的口感。

＊二氧化硫總含量：44 毫克／公升

**燈籠果（Physalis）｜脆桃｜黑香豆（Tonka bean）**

**Si Vintners,** *White SI*
**澳洲瑪 Margaret River，2012**

榭密雍、夏多內

　　Sarah Morris 與 Iwo Jakimowicz（SI）過去曾於西班牙薩拉戈薩省（Zaragoza）的釀酒合作社工作過幾年，才於 2010 年回到家鄉，並於西澳買了一塊占地 12 公頃的酒莊（其中超過三分之二是葡萄園）。捨不得放棄西班牙的他們，與幾位好友一同創立了名為 Paco & Co 的西班牙計畫，自此在西班牙與澳洲兩邊跑。這款酒於不同容器中釀造，包括蛋型水泥槽、舊的大型橡木桶，以及不鏽鋼桶槽。這款酒產量 1,440 瓶左右。不妨也留意 Paco & Co 的西班牙 Calatayud 產區酒款，這是他們以樹齡 80 歲以上的格那希葡萄所釀造的酒款。

＊二氧化硫總含量：40 毫克／公升

**綠芒果｜烤蘋果｜薑味**

### La Clarine, *White Blend 1*
### 美國加州 Sierra Foothills，2012

馬珊（marsanne）、小蒙仙（petit manseng）、維歐尼耶

受福岡正信（見〈葡萄園：自然農法〉，頁 36）的文字啟發，Hank Beckmeyer 開始質疑農耕的基礎，並想了解若放棄控制一切（甚至是有機）會釀出什麼酒來；即從主動參與者變成照顧者的角色。但如 Hank 在酒莊官網中解釋：「放下『已知』與習慣，並下定決心信任自然過程。這也許看似大膽，但其實更需要的是接受命運；因為這意味了失敗的可能性。」

如今，酒莊占地 4 公頃的園地種有葡萄，還畜養了山羊與無數隻的狗、貓、蜜蜂、雞隻、鳥、金花鼠，以及各類花卉和香草。這個口感豐腴、飽滿卻不失新鮮感的酒款，其實相當具有隆河白酒的風格，而他有許多酒都是走類似的路線。Hank 也釀造了不少可口且值得找來一嘗的紅酒，特別是他自海拔 900 公尺的葡萄園所釀的 Sumu Kaw 希哈紅酒。

＊二氧化硫總含量：20 毫克 / 公升

白桃｜忍冬｜杏仁

---

### Donkey and Goat, *Untended Chardonnay*
### 美國加州，2012

夏多內

這款纖瘦的加州酒款來自一對夫妻檔，Tracey 與 Jared Brandt。曾在隆河與 Eric Texier 一起工作，隨後於柏克萊成立一間郊區釀酒廠，購入安德森（Anderson）谷地、門多西諾（Mendocino）山區以及謝拉山麓 El dorado 郡的葡萄。Tracey 與 Jared 在 2009 年巧遇一株未經嫁接、34 歲的葡萄樹，而這款酒便是來自這株葡萄樹，擁有絕佳口感：幾乎帶點氣泡感與些許蠟質口感。

---

# 新世界
# 酒體飽滿的白酒

### AmByth, *Priscus*
### 美國加州 Paso Robles，2011

白格那希、胡珊、馬珊、維歐尼耶

Welshman Phillip Hart 與加州妻子 Mary Morwood Hart 在 Paso Robles 產區經營一座旱作農場（見〈旱作農業〉，頁 38-39）。有鑑於加州水源的匱乏，特別是當 2013 年酒莊僅有區區 1.27 釐米的雨量時，你不得不對他們堅持旱作肅然起敬。除此之外，他們也堅持不在酒中添加任何二氧化硫（這在加州又是另一項豐功偉業）。酒款 Priscus 來自拉丁文，有「令人尊敬而古老的」之意，是款健康而帶有草本風味的白酒。這款酒和酒莊其他品項一樣，都可口極了！

＊無添加二氧化硫

白桃｜甘草棒｜甜豌豆

---

### Louisa Mary Smith, *Love and Collar Bones*
### 美國加州 Mendocino，2012

園內混釀（field blend）10 種黑葡萄品種，再釀成白酒

天賦異稟的 Louisa Mary Smith 肯定是下一顆釀酒新星；她如今與 NPA 和 Salinia fame 的 Kevin Kelley（見頁 161）一同攜手釀酒。這款 Love and Collar Bones 白酒以黑葡萄經「直接壓榨法」釀造，葡萄汁在不碰及果皮的情況下，釀成白酒。Kevin 以一模一樣的品種釀出了一款紅酒，你可以想見他們倆會成為多搭配的一對。這款白酒柔軟、圓潤，並帶有些許單寧感（也許是因為這是黑葡萄品種釀造），嘗來極為柔順且相當可口。這無疑是一款非常怡人的白酒。

＊無添加二氧化硫

夏威夷豆｜茴芹｜焦糖

### Scholium Project, *The Sylphs*
**美國加州，2012**

夏多內

　　Abe Schoener 以希臘文的「評論」（comment）或「詮釋」（interpret），並隨之演化成「學校」與「學問」為靈感，將此釀酒計畫取名為 Scholium，意即「為學習與了解而成立的……謙虛計畫」。成果便是由他承租的葡萄園所釀出的一系列狂野而熱情的酒款。這支 The Sylphs 質地濃郁多木桶味，但不乏足以平衡桶味的果香。在我相當有限的 Scholium 酒款品飲經驗中，還有另一款也是我的最愛，即經過浸皮處理的白蘇維濃：The Prince in his Caves。

＊無添加二氧化硫

**綠芒果｜鹹味｜甜橡木味**

---

### Salinia, *Saint Marigold*
**美國加州，2007**

夏多內

　　這家小酒廠坐落於加州北部的俄羅斯河谷（Russian River Valley），由 Kevin 與 Jennifer Kelley 夫妻和小 Kian 負責經營。只消看 Kevin 的創新精神（他也是 NPA 的創始成員之一，見〈藝匠酒農〉，頁 100-105）與其酒款的純淨度，任何人都會愛上這傢伙，包括他的 Saint Marigold 白酒。這個瘋狂的小計畫，其實源自於 Kevin 有一回忘記了桶中還有夏多內，直到五年半後才赫然想起。

　　然而，不同於侏儸的黃酒（vin jaune），這款酒的表面沒有生成酵母花（flor）。他創造的這款酒成為超級濃郁，並帶有鮮味的干白酒，令人想一嘗再嘗。

＊無添加二氧化硫

**棕櫚糖｜美國山核桃（pecan）｜印度綜合辛香料（Garam masala）**

---

### Coturri, *Chardonnay*
**美國索 Sonoma Valley，2010**

夏多內

　　土生土長的加州人 Tony Coturri（見〈蘋果與葡萄〉，頁 128-129）是美國自然酒產業老將，也該是他獲得肯定的時候了。

　　過去曾是個嬉皮的 Tony，於 1960 年代開始在此地種植葡萄。幾十年來，他已釀出不少可口、有機且無添加二氧化硫的自然美酒。早年的他，衷心認為自己是個農夫，不但有些被孤立，沒什麼志同道合的友人，甚至還被視為有點瘋癲。「這附近的酒農不管自己叫『農夫』，而自稱是『農場經營人』（rancher）。這兩者可是完全不同的稱號，他們認為『農夫』不太好聽，像是形容穿著工作褲工作、靠養雞之類勉強維持生計的人。他們會說：『我們是農場經營人。』而他們甚至不將葡萄栽培或種植葡萄視為農業活動。」Tony 說道。敬業的他，釀出的酒自然極為出色。他的酒個性真實，致力於表現風土，而這款酒體飽滿的白酒無論是深度或品質均表現非凡，其口感之綿密，有如瓊漿玉液。這款以夏多內釀成的白酒僅生產了 80 箱。

＊無添加二氧化硫

**萊姆｜炙燒榛子｜蜂蜜糖**

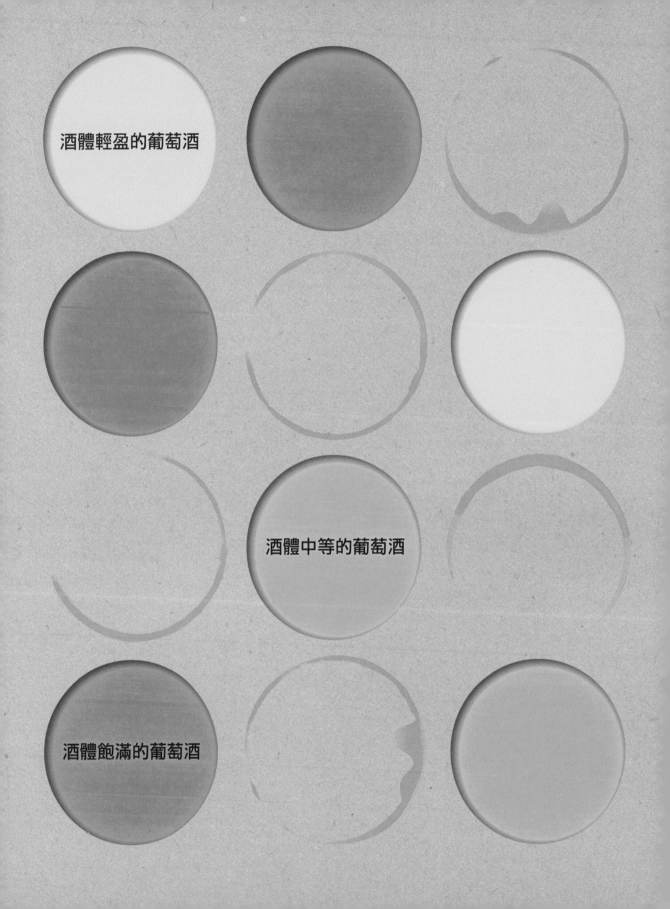

酒體輕盈的葡萄酒

酒體中等的葡萄酒

酒體飽滿的葡萄酒

**你**是否曾納悶，文藝復興時期的畫作中，人們手中的那杯白酒顏色似乎不如現今的清澈透明？甚至看起來有些泛橘？別誤會了，這不是光影造成，也不是顏料褪色，很可能是米開朗基羅那個時代的人，喝的真的是橘色的葡萄酒。如今的白酒，多半是壓榨後將葡萄汁與葡萄渣（包括皮、梗與籽等）分離，才得以釀出顏色淺淡的白酒。如果將汁與渣浸泡在一起，釀出來的酒色從黃色到法奇那柳橙氣泡果汁（Orangina），再到芬達汽水，或甚至是鐵鏽般橘紅色，都有可能。浸泡的時間數天到數月不等（如頁 169 義大利的 Radikon 橘酒），也有可能長達數年（如頁 169 的南非 Testalonga）。

# 橘酒

橘酒貌似新潮，其實非常古老。最初釀造白葡萄酒時，釀法很可能與紅酒相同，即以整顆葡萄釀造，而非自流汁。因為以自流汁釀酒受氧化侵襲的可能性較高，方法繁瑣，手續複雜。美國賓州大學的 Patrick McGovern 博士提到：「歷史學家曾發現一只埃及廣口瓶，歷史可溯至西元前 3150 年。瓶中有黃色殘留物與籽和皮，很可能就是浸漬的痕跡。」同樣的，與葡萄皮浸漬過的白酒，很可能是「黃色」的。正是老普林尼提過的：「葡萄酒有四色……白、黃、紅與黑。」

## 橘酒哪裡有？

雖然近年來已開始嶄露頭角，橘酒其實相當難尋。西西里、西班牙與瑞士都釀有一些絕佳的橘酒，但最主要的產區是在斯洛維尼亞與周邊國家，包括鄰近的義大利東北部 Collio，這裡橘酒風格大概可以說是葡萄酒中最強烈的一種。產量最多的是喬治亞的高加索地區，但這裡幾乎人人都在自家釀酒，導致品質良莠不齊。隨著橘酒如今漸受歡迎，市面上也多了不少貌似橘酒的東西，但真正的橘酒不僅要看起來呈橘色，喝起來也得像是橘酒。歐洲最早的橘酒生產者之一 Saša Radikon 認為，橘酒「必須在沒有溫度控制的情況下與自然酵母一同浸

左圖：
將白葡萄與葡萄汁一同浸泡
有助於萃取香氣、架構、顏
色，這就是橘酒的定義。

對頁：
橘酒的顏色種類繁多，從
黃色到明亮的橘色均有，
甚至還有些是深琥珀色。

是盲飲或放在不透色的盲品杯時，確實很難斷定這些酒該放在哪個類型中討論。

但讓橘酒真正顯露出價值的，是餐酒搭配時。橘酒的單寧會因餐點而軟化、甚至消失，出色而多元的風味會開始變得相當明顯。橘酒特別適合佐以風味渾厚濃郁的料理，例如成熟的硬質乳酪、滿載辛香料味的燉菜，或以胡桃味為主的各色餐點。橘酒在大葡萄酒杯中表現最優，因為它們通常需要足夠的空氣才能完全綻放，並發揮本身特性。品嘗橘酒時，最好視之為紅酒而非白酒，並要避免過低的酒溫。

有人批評橘酒嘗來全都一個樣。確實，將葡萄汁與渣滓一同浸泡，對酒款的風味、顏色與質地不免產生一些影響，但這不代表不同的橘酒無法展現出各地區的人文風土特色或葡萄品種特性。無論是釀自埃特納的火山岩土壤，或斯瓦特蘭的花崗岩質土壤，又或是以纖細的 rebula（ribolla gialla），亦或肥美辛香的灰皮諾釀成，這些橘酒可不會千篇一律。

你知道嗎？「橘酒」一詞最剛開始是在2004 年由一位在葡萄酒業界的英國專家 David Harvey 所使用；他也許正是發明這詞的人。「過去，這種酒沒有任何業界認定的標準可循，即便是酒農也不知道該如何稱呼它，」David 解釋道：「而既然我們用酒色命名，這類酒款自然可因為其顏色而命名：橘色。」

泡。如此一來，即便只浸泡五天，酒款看來也會是橘色的。倘若在浸泡期間控溫——就算設定在攝氏 20 度，浸泡一整個月都還是萃取不到顏色，因為太冷了。」

## 橘酒嘗來如何？

橘酒可能是你嘗過最與眾不同的酒種，雖然這種酒有時爭議性十足，最好的酒款通常極為熱情而複雜，並能帶給飲者出乎意料的新穎風味和質地。橘酒最引人入勝之處，莫過於其單寧強度。由於酒液與葡萄皮接觸，皮中的單寧（與其他抗氧化物）會被萃取出來，讓這些橘酒嘗來略有紅酒的質地。若

## 酒體輕盈的橘酒

### Celler Escoda-Sanahuja, *Els Bassots*
**西班牙 Conca de Barbera，2009**

白梢楠

　　這支古怪的白梢楠橘酒來自西班牙東北部一處石灰岩外露的地塊。在西班牙釀造白梢楠已經夠怪了，這支酒還被釀酒人 Joan-Ramón Escoda 連皮浸泡了八天。釀成的酒款極為不甜，風格直接而精準，口感帶有些許單寧觸感；產量僅 4,500 瓶。

＊無添加二氧化硫

**煙燻乾稻草｜乾燥榅桲｜葫蘆巴**

### NPA, Kevin Kelley, *Sauvignon Blanc*
**美國加州，2012**

白蘇維濃

　　這一款由 Kevin Kelly 在不鏽鋼桶槽中釀成的白蘇維濃，與葡萄皮浸泡了足足 36 天，直到發酵完成。釀成的酒款非常新鮮，帶有柔和的單寧與花香（紫羅蘭）。這款酒是 Kevin 的 NPA 系列酒款之一，他將酒裝在金屬罐裡，順著他的「送牛奶路線」每週運至客戶處（見〈誰在釀酒：釀酒藝匠〉，頁 103）。

＊無添加二氧化硫

**紫羅蘭｜葡萄柚｜羅勒**

 ## 酒體中等的橘酒

### Denavolo, *Dinavolino*
**義大利艾米利亞—羅馬涅，2010**

malvasia di candia aromatica、馬珊、ortrugo 與其他品種

　　身兼 La Stoppa 釀酒師的 Giulio Armani 也在占地 3 公頃的自有葡萄園釀酒。這款 Dinavolino 經過兩週浸皮，可說是橘酒類型的絕佳入門款。酒款果味豐美，足以平衡單寧，但風格口感緊緻依舊。香氣雖略微閉鎖，開瓶後會逐漸綻放，並緩慢地發展出香氣充裕的口感。

＊無添加二氧化硫

**新鮮茴香｜橘皮｜芫荽籽**

### Colombaia, *Bianco Toscana*
**義大利托斯卡尼，2011**

特比亞諾（trebbiano）、馬爾瓦西

　　Dante Lomazzi 與妻子 Helena 一同耕種的葡萄園占地 4 公頃，以黏土與石灰岩質土壤為主。照 Lomazzi 的說法，他們對待這塊葡萄園如同一座「大型花園」。這一款橘酒因經過泡皮，香氣撲鼻，帶有鹹味，酒體略重，單寧緊緻。建議也可以試試酒莊另兩款限量生產的 Colombaia Ancestrale 氣泡粉紅酒與白酒。

二氧化硫總含量：22 毫克／公升

**榛子｜鹹水焦糖｜梨子**

### Mlečnik, *Ana*
**斯洛維尼亞，2007**

夏多內、friulano（過去稱為 tocai）

　　Walter Mlečnik 釀造的橘酒相當精緻。他的酒款通常會窖藏 4～5 年後才裝瓶，嘗來永遠有極佳的複雜度與成熟風味。這款 Ana 風格高雅，帶有一絲辛香料氣息，以橘酒而言，可謂出乎意料之外的細緻且內斂。

＊二氧化硫總含量：18 毫克／公升

**新鮮蒔蘿｜番紅花｜些許桃子香氣**

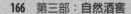

### Le Soula, *La Macération Blanc L10*
### 法國胡西雍，2010

維門替諾、macabeo

　　Gérald Stanley 是一位年輕、有天分且非常認真的生產者。自從他於 2008 年加入 Le Soula 後，便徹底革新了這家酒莊。多虧了 Gérald，Le Soula 的酒如今驚豔四座，每年都展現出更多忠於葡萄園的風土特色。這款調配橘酒的葡萄，選自土壤貧瘠、產量極低的花崗岩質土壤葡萄園。這裡位於海拔 500 公尺處，是 Gérald 第一次釀造泡皮白酒的首選之地，而釀成的酒確實既可口又誘人。

＊二氧化硫總含量：25 毫克／公升

**白桃｜乾燥鼠尾草｜杏仁**

### Cornelissen, *Munjebel Bianco 7*
### 義大利西西里，2010

carricante、grecanico、coda di volpe

　　生為比利時人的 Frank Cornelissen，已歸化為西西里人。除了國籍，他還有許多身分，包括阿爾卑斯登山家、賽車手、葡萄酒代理商，如今更成為埃特納火山熔岩平原上的頂級自然酒農。這支 Munjebel Bianco 7 以西西里原生品種釀造，像是實驗性質的爵士樂一般，風格狂野而難以駕馭。

＊無添加二氧化硫

**金橘｜綠芒果｜新鮮萊姆汁**

上圖：
攝於南法胡西雍的 Le Soula 葡萄園。

### Didi, *Giallo*
### 澳洲 Adelaide Hills，2012

白蘇維濃

　　在歐洲葡萄園遊走了六年之後，Tom Shobbrook 回到澳洲家鄉，開始釀造受舊世界釀酒技藝與架構影響的澳洲葡萄酒，而這款 Giallo 便是其中一例。酒款展現深濃的香氣，酒體豐腴而帶有如絲般的單寧質地。

＊二氧化硫總含量：40 毫克／公升

**百香果｜醋栗｜萊姆**

### Elisabetta Foradori, *Nosiola*
### 義大利特倫提諾（Trentino），2011

nosiola

　　充滿魅力的 Elisabetta 以西班牙陶甕釀酒，釀造期間，陶甕就放在地上。葡萄全數去梗，然後連皮浸漬 6、7 個月，接著再將酒款放進相思樹木桶中 3 個月不等，結果是極為細緻而芬芳（甚至帶有些許花香）的橘酒，並帶有溫和的單寧與些微鹹味。這款酒清新可愛的程度，讓人完全無法想像它是支橘酒。

＊二氧化硫總含量：20 毫克／公升

**金合歡花｜夏威夷豆｜鹵水**

# 酒體飽滿的橘酒

**Our Wine, *Rkatsiteli, Akhoebi***
**喬治亞卡黑地（Kakheti），2012**

rkatsiteli

　　原名 Prince Makashvili 的 Our Wine 酒莊，是由一群至交好友共同擁有。他們過去只當這是個嗜好，直到大夥紛紛來到（半）退休的年紀，才決定開始販售酒款。酒莊的葡萄園坐落於高加索山腳，風景美不勝收，背景群山如畫；Our Wine 不只是第一家（還很可能是唯一一家）喬治亞境內的自然動力法酒莊，對我個人而言，它還具有深遠的意義。多虧了 2007 年的慢食品酒會（Slow Food tasting），我得以和這群人見上一面，進而拍攝了一部關於喬治亞古老釀酒方式的紀錄片。我因此差點搬去喬治亞，還甚至釀造 2,000 瓶屬於我的橘酒（雖然這些酒後來都被喝光了！）。

　　Our Wine 的 rkatsiteli（你相信嗎？這可是全球種植面積最廣的品種唷！）是依循古老釀酒方式而釀成。這方法要追溯到數千年前，那時的釀法習慣將葡萄皮、籽與梗一同與葡萄汁浸泡在稱為 qvevri（或 kvevri）的大型黏土罐中，再埋到地底下，釀成的酒款帶有相當濃郁的花香與單寧感。以此古法釀造的生產者還有另一家喬治亞酒莊 Pheasants' Tears，他們的一系列紅、白與 qvevri 橘酒都相當出色。

＊二氧化硫總含量：33 毫克／公升

**花香｜胡桃｜深色辛香太妃糖**

上圖：
存放於 qvevri 中釀造的喬治亞橘酒。qvevri 是當地的傳統釀酒容器，此一釀酒的古法已列入聯合國無形文化遺產。

**Laurent Bannwarth, *Pinot Gris Qvevri***
**法國阿爾薩斯，2012**

灰皮諾

　　Stéphane Bannwarth 是另一位理應受關注的釀酒人。他釀的酒款不拘一格，風格多元且品質優異（不妨試試瘋狂的他以綠維特林納釀成的 Pep's de Qvevri 氣泡酒，嘗來像是大人喝的氣泡芒果汁），他的酒款從未受到注目，直到現在……。Stéphane 的這款灰皮諾是將葡萄整串浸漬在喬治亞的 qvevri 釀製 8 個月。酒款呈美麗的深金色，酒體豐腴，其單寧架構讓酒款嘗來更新鮮，雖然不甜，口感依舊略有甜美的印象。

＊無添加二氧化硫

**乾燥杏桃｜甜酸豆｜甘草棒**

### Klinec, *Gardelin*
### 斯洛維尼亞布爾達（Brda），2009

灰皮諾

Aleks Klinec 是一位有趣而大方的釀酒師，而他的個性也徹底反應在酒款中。這款 Gardelin 以粉紅葡萄皮的灰皮諾釀造，香氣奔放，酒體豐腴，並帶有令人驚豔的深橘色酒圈色澤，酒色澤呈現鮭魚粉紅。他用來儲酒的木桶是以櫻桃木、桑樹與金合歡樹製成，這為酒款增添了一股圓潤的甜感，雖然酒本身嘗起來是不甜的。

＊二氧化硫總含量：28 毫克 / 公升

**辣蜂蜜｜鮮奶油水蜜桃｜小豆蔻**

### Serragghia, *Zibibbo*
### 義大利 Pantelleria，2011

zibibbo

Gabrio Bini 在這座靠近非洲大陸的火山島上，釀造了一些獨樹一格、忠於自我的佳釀。他以馬犁地，並將 zibibbo（即亞歷山大蜜思嘉）放在古老雙耳陶罐中，再埋進戶外地底下發酵。除此之外，Gabrio 種植的刺山柑（caper）更是我所嘗過最美味的。這款色澤清亮的橘酒在杯中有如異國香氣大爆發，並混合有強烈的海風。

＊無添加二氧化硫

**依蘭｜百香果｜海鹽**

### Čotar, *Vitoska*
### 斯洛維尼亞喀斯特 Kras，2008

vitoska

Čotar 父子檔 Branko 與 Vasja 在位於義大利的 Trieste 以北、離海僅 5 公里的地區釀酒。他們的酒款高雅、風格直接而清晰。這款 Vitoska 雖然不甜，嘗來卻帶有輕微的甜香感，而瓶中的沉澱物，則讓我想在開瓶前搖一搖，以品嘗到最完整的口感與風味。

＊二氧化硫總含量：22 毫克 / 公升

**甜榲桲｜甘草｜香茅茶**

### Testalonga, *El Bandito*
### 南非斯瓦特蘭，2010

白梢楠

這款酒是由個性膽大包天的南非 Craig Hawkins 所釀造，他除了身兼斯瓦特蘭 Lammershoek 酒莊的釀酒師，也在 Testalonga 開始自己的釀酒事業。這款風格堅定的 El Bandito 釀自旱作農耕的白梢楠，葡萄汁與葡萄皮一同在橡木桶中浸泡發酵長達兩年的時間，釀成的酒嘗來可口而易飲，並出乎意料地多汁。酒款帶有溫暖的辛香料氣味，引人入勝，且帶有清新的酸度。無疑是款令人想一喝再喝的可口美酒。

＊無添加二氧化硫

**新鮮稻草｜杏桃｜乾燥蘋果皮**

### Radikon, *Ribolla Gialla*
### 義大利弗里尤利（Friuli）Oslavje，2007

ribolla gialla

Radikon 的 Ribolla Gialla 大概可以說是市面上最令人感到興奮的橘酒之一。品嘗這款酒有如跟著它旅行了一回，光是剛倒入杯中的表現便與一個小時之後的模樣完全不同。這是因為酒款經過長達數週的泡皮時間，並在大型橡木桶中待上超過三年的漫長陳年期。這是一款極為複雜的酒，風味深度既冷酷又大膽，展現出近乎堅忍的個性。

＊無添加二氧化硫

**柑橘果醬｜八角｜杏仁**

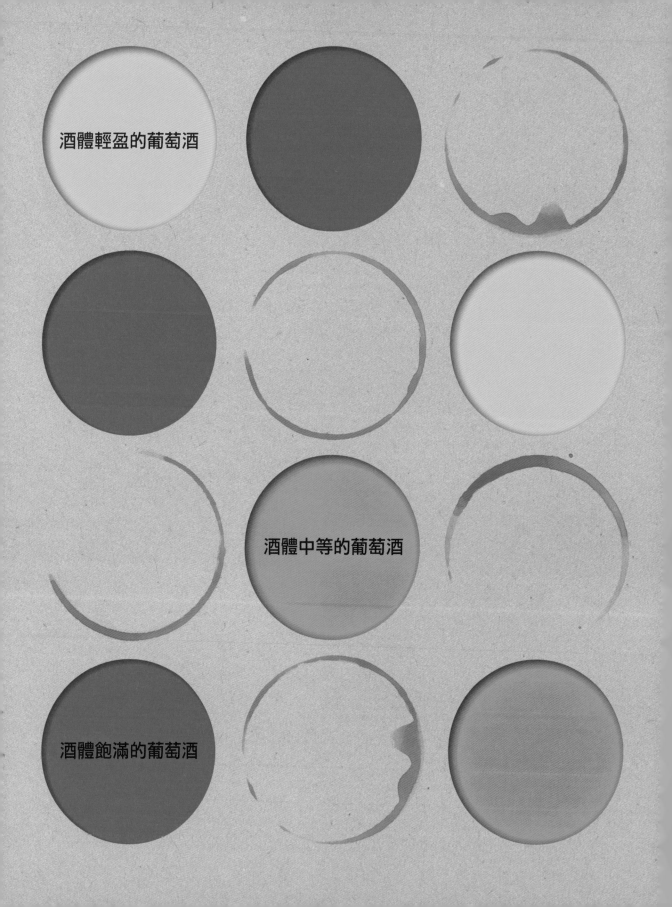

酒體輕盈的葡萄酒

酒體中等的葡萄酒

酒體飽滿的葡萄酒

**這**個類別稱為粉紅酒（即 rosé、blush、vin gris，後兩者尤指色澤非常清淡的類別）是以黑皮葡萄——有時甚至是紅肉葡萄——釀成，並刻意讓皮或果肉與酒液浸製。接觸葡萄皮後的酒色，可能有不同深淺的粉紅（或淡紫），從洋蔥皮、鮭魚粉到銅粉、亮粉紅，甚至深色的吊鐘花都有可能。事實上，有些顏色最深的粉紅酒，看起來幾乎與紅酒沒兩樣。

顏色或深或淺變因有很多，從浸皮時間長短到葡萄品種的色素強烈與否都要納入考慮。不一樣的品種會讓顏色或深或淺，架構也會不同。例如，想從黑皮諾（pinot noir）這樣的薄皮黑品種萃取出色深、飽滿的粉紅酒，自然比使用皮厚、花青素多的卡本內蘇維濃來得困難。同樣的，試圖以阿里崗特布謝（alicante bouschet）與 saperavi 等屬於紅汁葡萄品種（teinturier）的深黑果皮與果肉品種，釀出顏色清淡的粉紅酒，也極具挑戰性。

# 粉紅酒

不過，除了品種本身，粉紅酒的顏色與架構其實與釀酒方式關係密切。釀造粉紅酒方法很多，包括：

- 混調紅酒與白酒：絕大多數的粉紅香檳都以此法釀成（但根據法國 AOC 法規，只有香檳地區可依此法釀造粉紅酒）；

- 以黑葡萄品種短暫浸皮釀成；

- 以「放血法」（Saignée Method）釀成：紅酒剛開始發酵時，先釋放出一小部分的汁液，如此一來不但可得到放血法的粉紅葡萄酒，也可以釀出較為濃郁的紅酒；

- 在傳統生產方式中的較低層級，也有以添加劑或加工法——如活化碳等——去除紅酒中的色素得到粉紅酒。

以不同方式釀成的粉紅酒，品質自然有別，特別是如果粉紅酒不

是釀酒師一剛開始便規畫好的品項。確實，許多釀酒師的重點是白酒與紅酒，他們將最好的葡萄拿來釀造前兩者，剩下的果實與葡萄汁才會拿來釀造粉紅酒，這也讓粉紅酒時常被視為是紅酒的副產品。

　　正因如此，許多粉紅酒顯得口感疲弱，讓人無法確定它到底較偏向白酒或紅酒。因此，釀造優異粉紅酒最重要的一點，往往是釀酒師的企圖心。最出色的粉紅酒，便常是出自於一開始就打算釀造粉紅酒的釀酒師手裡。

　　近年來，隨著粉紅酒身價暴漲，不少以量取勝的品牌開始將貨架排滿了乏味無趣、如糖果般的微甜型粉紅酒，反倒讓一些有眼

上左與上右：
Ghislaine Magnier（上左）與 Alain Castex 在法、西邊界的巴紐（Banyuls）擁有名為 Le Casot des Mailloles 的酒莊。他們釀造了一系列地中海區的無二氧化硫酒，其中一支正是上圖的粉紅酒。

對頁：
Ghislaine 與 Alain 其中一塊葡萄園坐落於小鎮上方，陡峭程度讓兩夫妻必須人手一支鶴嘴鋤，完全靠人力耕種。

光的飲者或饕客對此倒盡胃口，相當可惜。如果你也屬於這一類人，希望下面的選酒能讓你對粉紅酒產生全新的看法。這些都是非常美麗的干型粉紅酒，事實上，如果要選一支帶上荒島的酒，這裡頭也有一支會是我強烈納入考慮的佳釀。

# 酒體輕盈的粉紅酒

### Mas Nicot
**法國隆格多克，2011**

格那希、希哈

　　Frédéric Porro 與 Stéphanie Ponson 這對夫妻所釀的自然酒，大概可以說市面上價格最親民的一款。這款以格那希和希哈混調的粉紅酒，帶有柔軟的紅果香，以及些許深色較嚴肅的風格，包括一絲單寧和辛香料味。建議也可品嘗它們的其他作品：Mas des Agrunelles 與 La Marele。

＊二氧化硫總含量：15 毫克 / 公升

**野草莓｜覆盆子｜一絲可可豆**

### Sarnin-Berrux, *Couleur Rosé*
**法國隆河，2011**

格那希

　　這個酒商（négociant）計畫由 Jean-Pascal Sarnin 與 Jean-Marie Berrux 共同操刀，釀出的一系列品質絕佳的自然酒款。他們的葡萄多來自於布根地，不過這支品質優異的粉紅酒是選自 Gérald Oustric 種在 Ardèche 產區的格那希葡萄。酒款嘗來相當鮮活，質地輕柔，是款討喜而濃郁的粉紅酒。

＊二氧化硫總含量：13 毫克 / 公升

**西瓜｜粉紅葡萄柚｜些許胡椒**

# 酒體中等的粉紅酒

### Franco Terpin, *Quinto Quarto, Pinot Grigio delle Venezie IGT*
**義大利弗里尤利，2010**

灰皮諾

　　雖然 Franco 較出名的是風格濃郁且嚴肅的橘酒，但這可是款充滿辛香氣息且無比易飲的灰皮諾粉紅酒。酒款嘗來幾乎略有氣泡，另帶有些許足以平衡酒款風格的鮮美茴芹籽調性。這是一款有趣而開心的酒，個性活潑而熱情洋溢，表現力十足，多汁且清新。

＊二氧化硫總含量：22 毫克 / 公升

**血橙｜茴香｜野生覆盆子**

### Mas Zenitude, *Roze*
**法國隆格多克，2012**

格那希、仙梭、卡利濃

　　這一款酒出自瑞典律師兼釀酒師 Erik Gabrielson 之手，風格出乎意料地嚴肅。Roze 沒有上一款由 Franco 釀的粉紅酒來得有活力，相對柔和、沉重、圓潤，並帶有更多辛香料與豐富口感。酒款質地綿密，滿覆口腔，並帶有乾燥香料與近乎焦糖一般甜香的香草調性，令人聯想起干邑。

＊無添加二氧化硫

**紅李｜月桂葉｜香草**

**Gut Oggau, *Winifred***

奧地利布根蘭，2012

blaufränkisch、zweigelt

　　Stephanie 和 Eduard Tscheppe-Eselböck 在奧地利東部的布根蘭釀造了一系列極具有啟發性的酒款。這支嚴肅的粉紅酒要比其 2011 年份的酒款更加濃郁，嘗來鹹鮮而內斂，是款成年人的粉紅酒。帶著紅、紫色漿果、深色辛香料與怡人的濃郁口感（多虧了酒中的些許單寧）。這是支清爽無比的粉紅酒，應該能與許多不同的食物類別搭配。

＊二氧化硫總含量：31 毫克 / 公升

**藍莓｜紅櫻桃｜肉桂**

**Clarine Farm, *Sierra Foothills Rosé Wine***

美國加州，2012

希哈、慕維得爾（mourvèdre）、榭密雍、維歐尼耶

　　自從 Hank Beckmeyer 於 13 年前在加州偏遠的 Sierra Foothills 成立了 La Clarine 農場後，已釀造了不少風格多元、但都同樣帶有內斂香氣的葡萄酒。他的粉紅酒呈現洋蔥皮色澤，酸度新鮮，質地濃郁，是款園內混釀酒，其柑橘風味與甜美的辛香料味，同樣令人聯想到干邑與前頁 Mas Zenitude 的酒款。

＊二氧化硫總含量：15 毫克 / 公升

**水蜜桃｜金橘｜豆蔻**

右圖：
Anne-Marie Lavaysse 與兒子 Pierre 在地勢崎嶇的法國聖尚米內瓦（Saint-Jean-de-Minervois）產區釀有無添加二氧化硫的一系列酒款。

# 酒體飽滿的粉紅酒

## Strohmeier, *Trauben, Liebe und Zeit Rosewein*
### 奧地利西施泰爾馬克（Weststeiermark），2008

blauer wildbacher

　　Franz Strohmeier 是位作風極大膽的天才釀酒師。他住在以 schilcher 粉紅酒（奧地利的一種艱澀粉紅酒，通常不經乳酸發酵）聞名的產區。在我看來，schilcher 是一種極為無趣而枯燥的酒款，但他的粉紅酒卻展現出無比的甘草香氣，口中呈現野草莓、鹹鮮的玫瑰花瓣與陳年土壤香氛。酒款嘗來新鮮爽脆，年份更是出乎意料地年輕。

＊無添加二氧化硫

**甘草｜歐洲山桑子｜鹹鮮玫瑰花瓣**

## Le Casot des Mailloles, *Canta Mañana*
### 法國胡西雍，2011

白格那希、黑格那希、卡利濃、慕維得爾、蜜思嘉

　　Alain Castex 與 Ghislaine Magnier 是忠誠的自然酒擁護者，他們的全系列酒款都不使用任何二氧化硫，葡萄園坐落於庇里牛斯山腳下的面海地區。這款園內混釀粉紅酒是由黑、白葡萄混釀而成，大概是我所嘗過口感最為奔放的一款。如果你覺得粉紅酒是沒個性又沒腦的飲品，不妨試試它，相信會帶給你全新體驗。這是一款不容忽視的粉紅酒，香氣豐富帶有葡萄味，嘗來圓潤、飽滿，極具鮮明特色。

＊無添加二氧化硫

**玫瑰花瓣｜草莓｜罌粟**

## Domaine Lucci, *Pinot Gris on Skin*
### 澳洲 Adelaide Hills，2011

灰皮諾

　　個性務實的前主廚 Anton von Klopper 於 2002 年買下了一塊占地 6.5 公頃的櫻桃園，並與妻子 Sally 和女兒一同將之改建為複合式農地與葡萄園，如今已成為澳洲葡萄酒版圖中風土至上的新浪潮生產者。這款經浸皮的灰皮諾，展現出深鐵鏽色與具嚼勁的質地，風格較近似於清淡的紅酒。這款令人興奮的粉紅酒見證了 Anton 無限的創意。

＊二氧化硫總含量：30 毫克／公升

**黑櫻桃｜成熟石榴｜橘皮**

## Domaine de L'Anglore, *Tavel Vintage*
### 法國隆河，2011

格那希、仙梭、卡利濃、克雷耶特（clairette）

　　從養蜂人變釀酒師的 Eric Pfifferling，大概是粉紅酒生產者的最佳指標。他所釀的粉紅酒令人興奮，並以具絕佳陳年潛力而聞名。這款 Tavel Vintage 非但可口，勁道與酒體更足以和同類型酒款相較勁。這款粉紅酒濃郁、長壽、嘗來並帶有些許微氣泡。這大概是粉紅酒最極致的表現。

＊二氧化硫總含量：10 毫克／公升

**橘子｜肉桂｜薑餅**

Tir à Blanc

Canta Mañana 2021

Poudre d'Escampette 2021 03

VENDANGE 2012

Le Casot des Mailoles

Vin de France
de Ghislaine Magnier et Alain Castex
Mis en Bouteille à la Propriété - F.66650

13% vol.    Tél. 04 68 88 50 37    75 cl

- No sulfites -

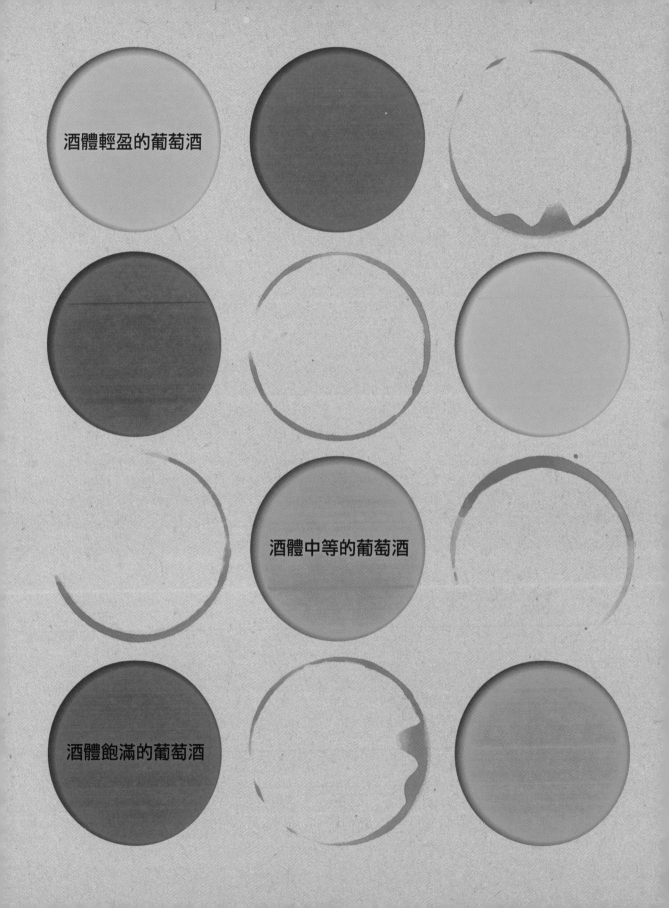

酒體輕盈的葡萄酒

酒體中等的葡萄酒

酒體飽滿的葡萄酒

相較於白酒與橘酒，自然紅酒的風格與一般紅酒沒什麼不同，這是因為一般紅酒的釀法通常要比其他顏色的酒款自然（添加人工酵母除外，這依舊是一般紅酒的常態）。一般紅酒與自然紅酒一樣，都會經浸皮過程（有時甚至連同葡萄籽與梗）以萃取顏色。這麼做會讓酒款產生天然的抗氧化劑單寧，並足以讓酒不受氧化侵擾。因此，釀造一般紅酒時，只需添加少數二氧化硫，便可達到釀造白酒時相同的抗氧化功效。歐盟允許的紅酒二氧化硫添加量甚至低於白酒。

# 紅酒

雖然說一般紅酒與自然紅酒風格相差不大，後者的獨特風味其實相當明顯。首先，自然紅酒通常不會進新桶，更不用提故意在新桶內陳年。然而，由於品質優異的老桶相當難尋，生產者常必須買進新桶來自行陳年。這表示他們的頭幾個年份常會展現較多木桶味，或具有質地較粗糙的單寧。除了這個無可奈何的原因，自然酒生產者通常不太喜歡酒款展現木桶風味，因為對他們而言，橡木桶所帶來的味道，會干擾葡萄純淨的個性與風土的特色。

在酒農協會 La Renaissance des Appellation 的品質憲章中不允許使用 200% 新橡木桶（即釀酒過程中使用兩次新桶），而這是部分一般紅酒生產者引以為傲的事。除此之外，自然酒農通常會等到葡萄的酚類物質完全成熟後再行採收，但他們不喜歡讓葡萄繼續掛在藤上熟成過久，因為這會導致酒款發展出類似果醬般的風味。由於不能人工調整酸度，自然酒農通常會確保他們的葡萄擁有足夠的酸度，以平衡酒款的天然風味。

近來也有愈來愈多自然酒農回歸傳統釀酒法，即以整串葡萄發酵（不經去梗過程）。如果葡萄梗已屆完全成熟，整串發酵會為酒款帶來更多複雜口感、新鮮度，與近乎紫羅蘭般的花香調性。即將於本章節中介紹的 Antony Tortul，便是施行此釀法的生產者之一。他的酒款誇張地多元，品質絕佳，且不添加任何二氧化硫。事實上，他連溫控設

備都沒有；即便是在炎熱的夏季中，他也不曾試圖為酒款降溫。正如同他解釋的：「我來自南法，這裡每年都有三個月是超過 35°C 的高溫，而葡萄早已習慣這種溫度。因此，即便發酵到了約 30°C，我也不會感到憂慮。我致力於釀出展現產區風土特色的葡萄酒，而我最不希望的，就是釀出帶有斧鑿痕跡的酒款。」我實在愛極了他那簡單又實在的推理。

最後，自然紅酒還有一點無可取代之處：可口的風味與易飲特性。對生產者而言，這才是自然酒的精髓所在。如果拿自然紅酒與一般紅酒做比較，這點通常最明顯；即便是擁有複雜度與濃郁風味的自然紅酒，不管是老或年輕，通常都會展現出立即適飲的新鮮感，而這正是自然紅酒吸引人之處。

下左：
才華洋溢的 Antony Tortul 與其團隊攝於貝濟耶產區（Béziers）外的酒窖內。

下圖：
自然紅酒通常能反應其來源地的周邊環境，因此葡萄園內的生物圈愈多元，釀出的酒款自然愈具複雜風味。在羅亞爾河流域種植葡萄的 Claude Courtois，二十年前左右便注意到一處特別與眾不同的地塊，這也成為他釀造 Racines 酒款的來源。

對頁：
這只是 Antony Tortul 眾多酒款的其中幾款。

# 法國

## 法國
## 酒體輕盈的紅酒

### Domaine Marcel Lapierre, *Morgon*
### 薄酒來，2009

佳美

　　Marcel Lapierre 可以說是葡萄酒業界的傳奇。和 Jean Foillard、Guy Breton、Jean-Paul Thévenet 與 Joseph Chamonard 等人相同，他不但提升了自然酒的能見度，更大幅挽救了薄酒來的形象。遺憾的是，Marcel 已於 2010 年辭世，享壽 60 歲，釀酒事業如今由家人克紹箕裘。

　　這款顏色清淡而嚴肅的 Morgon 明顯奠定了薄酒來的地位，也證明佳美的陳年潛力。不過，Lapierre 這款酒的裝瓶有兩種版本，一種有添加二氧化硫，另一則沒有。要分辨兩者有些困難，因為前標長得一模一樣，只有無添加的版本背標有加註「無添加二氧化硫」（sans sulfite ajouté）的字樣。

　　註記：薄酒來可說是自然酒生產者的天堂，Julie Balagny、Philippe Jambon、Jean-Claude Lapalu　與 Yvon Métras 等釀酒師都是可以多加留意的生產者。

＊無添加二氧化硫

野藍莓｜些許野味｜血橙

### Domaine Cousin-Leduc, *Le Cousin, Le Grolle*
### 羅亞爾河，2011

grolleau gris、grolleau noir

　　熱衷航行、更是位傳奇賽馬選手的 Olivier Cousin，很可能是自然酒圈中聲名最噪的野小子。他不但公開與產區系統抗爭多年（見〈藝匠酒農〉，頁 100-105），也為了自然酒而不願意在農耕或釀造方面稍有妥協，他的行為啟發了許多年輕釀酒師追隨他的腳步。Olivier 也許是葡萄酒世界中最直言不諱的團結倡導者，更是奉行終極享樂主義的人。他強調以乾淨能源進行農耕，並偏愛釀造大容量的易飲酒款（正如他的 email 簽名檔：「節省能源就是在保育環境；少用點軟木塞，多喝些 1.5 升的大瓶裝酒吧！」），再加上熱衷社群與團體的程度，Olivier 這些年來已經累積了不少粉絲，其中甚至有人每年從日本遠道而來拜訪他並主動提供協助。

　　這款紅酒芬芳並且帶有怡人的柔軟單寧顆粒感，易飲、圓潤，極適合慶祝春天的到來。建議開瓶後幾天內飲畢。

＊無添加二氧化硫

胡椒味｜罌粟｜咖哩葉

### Domaine de la Tournelle, *Uva Arbosiana*
### 侏儸，2011

ploussard

　　侏儸雖然是個迷你產區，近年來卻開始大放異彩；這都多虧了當地一群新世代的活力酒農，讓侏儸如今成為全法最有趣的產區之一。La Tournelle 莊主 Clairet 夫妻 Evelyne 與 Pascal 正屬於這群新世代成員之一，他們的 Uva Arbosiana 風格輕巧，顏色淺淡（看起來近乎粉紅色），嘗起來極為可口，而且非常易飲。他們的 Vin Jaune——以傳統（雪莉法）釀成的侏儸特色葡萄酒——則展現出相當優異的深度，這類酒款是讓酒在一層薄薄的酵母與細菌層保護下發酵而成。

＊無添加二氧化硫

罌粟｜天竺葵葉｜石榴

左圖：
這款薄酒來由 Julien Sunier 釀成，是酒體中等的自然紅酒。

### Pierre Frick, *Pinot Noir, Rot-Murlé*
**阿爾薩斯，2010**

黑皮諾

　　Jean-Pierre Frick 與妻子 Chantal 和兒子 Thomas 一同管理家族酒莊與園中數塊主要以白堊土壤為主的地塊。他可以說是阿爾薩斯的自然動力法先驅，酒莊於 1981 年全面改行自然動力法，但其實早在 1970 年便已開始施行有機耕作。

　　這款樹齡 100 歲的黑皮諾，釀自一座以石灰岩為主的葡萄園，土壤中富含鐵質（因而得名「紅牆」）。酒色顏色淺淡，但香氣芬芳多細節且餘韻綿長。

＊無添加二氧化硫

**橘皮｜紫羅蘭｜蒔蘿**

# 法國
# 酒體中等的紅酒

### Clos Fantine, *Faugères Tradition*
**隆格多克，2012**

卡利濃、仙梭、希哈、格那希

　　酒莊由 Andrieu 三手足所擁有，分別是 Carole、Corine 與 Olivier。這塊占地 29 公頃的莊園位於南法（見〈野生菜〉，頁 88-89），採用矮叢葡萄樹整枝法，這在炎熱的產區很常見，較不需要悉心照顧，葡萄樹會像小樹般向上生長，而非沿著酒農架設的木樁與鐵絲網發展。Andrieu 的土壤以片岩為主，而這也表現在他們的酒款上，其中又以產量極少的 Valcabrières 酒款為最，展現出純粹的鋼鐵風味與帶有咬勁的礦物質風味。

　　這一款 Faugères Tradition 是以卡利濃為主的混調紅酒，色深而多汁，嘗來有辛香料、鹹鮮風味，與地中海野生香草群氣息，令人聯想到南法午後的溫暖時光。

＊無添加二氧化硫

**迷迭香｜黑櫻桃｜甘草**

### Sébastien Bobinet, *Ruben*
**羅亞爾河，2011**

卡本內弗朗（cabernet franc）

　　釀酒家族 Sébastien 已在這裡經營了八個世代。他們不但以自有葡萄園耕作，更早在 1637 年便於此打造了一處挑高 160 公尺的酒窖；這是他們在家園後方山丘上徒手挖掘而鑿成，存放在這裡的酒據說熟成較慢。

　　Sébastien 在梭密爾─香比尼（Saumur-Champigny）種有 6 公頃的卡本內弗朗與 1 公頃的白梢楠，由他與舞者轉型葡萄農的夥伴 Emeline Calvez 一同經營。這款嘗來多汁的 Ruben，和酒莊多數酒款一樣，不添加任何二氧化硫。

　　除了這款，不妨也注意一下酒莊的 Rififi 氣泡（粉）紅酒。雖然這款酒已停產，但 Rififi 在倫敦可是大受歡迎，可惜酒莊沒有繼續釀造。我們誠摯希望 Sébastien 能繼續釀造 Rififi，或至少生產類似的版本。

＊無添加二氧化硫

**藍莓｜胡椒籽｜辣椒**

### Henri Milan, *Cuvée Sans Soufre*
**普羅旺斯，2010**

格那希、希哈、仙梭

　　坐落於普羅旺斯聖雷米（St Rémy de Provence，因曾在這裡的精神病院住了一年的畫家梵谷而一舉成名）的酒莊，原為家族經營，直到 1986 年 Henri Milan 接管。自從他於 8 歲時種下第一株葡萄後，Henri 並立定志向要成為葡萄農。然而，自第一次試釀不加二氧化硫的酒款得到慘烈的下場後，他的經濟實力銳減（見〈結論：對生命的頌讚〉，頁 92-95），但他的蝴蝶系列卻因其易飲程度與零二氧化硫添加物，而在英國大受歡迎。這款酒口感純粹而芬芳。

＊無添加二氧化硫

**辛香櫻桃｜紫羅蘭｜蜜李**

### Dard et Ribo, *C'est le Printemps*
隆河 Crozes-Hermitage，2010

希哈

　　René-Jean Dard 與 François Ribo 分別生於隆河兩岸，卻相識於伯恩（Beaune），並於 1984 年開始他們占地僅 1 公頃的葡萄園小計畫。如今，他們已擁有超過 7 公頃的葡萄園分布在不同的酒村，全部自 1980 年代起遵行有機耕作。

　　酒莊的新風潮希哈 C'est le Printemps 是釀來趁年輕飲用的紅酒，每年春天還是新酒時便裝瓶釋出。

＊無添加二氧化硫

**紫羅蘭｜松木芽｜黑醋栗**

### Les Cailloux du Paradis, *Racines*
羅亞爾河 Sologne，2009

園內混釀十多種葡萄品種

　　Claude Courtois 是另一位自然酒業的英雄人物（見〈自然酒運動的緣起〉，頁 114-117），他的酒莊位於巴黎人經常造訪獵野味的 Sologne，也是羅亞爾河當地少數幾位酒農之一。

　　這座莊園有果樹、樹林、葡萄園與田野，不但可以說是多元農耕的模範地區，更以尊重的態度對待園內各種生命。Courtois 一家以種植傳統葡萄為主，而在家族成員於 19 世紀的文獻中找到相關資料後，甚至還種起了希哈。那份資料敘述了一名酒農所釀的一款 100% 希哈，是如何被視為全羅亞爾河產區最優異的紅酒。然而，在當地相關單位許可後種下了希哈的 Courtois 一家，卻又為同樣一群人的反悔而狀告他們，並強制要求 Courtois 一家將希哈連根拔起。

　　Courtois 的 Racines 紅酒（見〈探索自然酒：簡介〉，頁 132-135）是園內混釀十多種葡萄品種而成，嘗來具土壤香氣而複雜，幾年後的今天，展現出更多芬芳的花香與花苞香氣。

＊二氧化硫總含量：10 毫克／公升

**森林土壤｜紅醋栗｜胡椒**

### La Grapperie, *Enchanteresse*
羅亞爾河 Côteaux du Loir，2009

pineau d'aunis

　　2004 年開始 La Grapperie 計畫時，Renaud Guettier 還沒什麼釀酒經驗。無論是在酒窖中或在葡萄園中，他都保持著一絲不苟的工作態度。La Grapperie 僅有占地 4 公頃的葡萄園，卻劃分成超過 15 個不同的地塊，每個地塊都有獨特的風土氣候。Renaud 在釀造時不添加任何二氧化硫，僅仰賴時間以穩定酒款，這在 La Grapperie 是常規而非例外，有時候酒款會在桶中待上長達 60 個月之久。

　　這款 Enchanteresse 風格精準、高雅、直接，足以證明 Renaud 的酒款是當今羅亞爾河流域酒款中最具潛力的釀酒師。

＊無添加二氧化硫

**紅胡椒籽｜水田芥｜黑醋栗**

# 法國
# 酒體飽滿的紅酒

## Domaine Fontedicto, *Promise*
### 隆格多克，2005

卡利濃、格那希、希哈

Bernard Bellahsen（見頁 106-107）是一名鼓舞人心的自學者，在動物農耕方面更是一位毋庸置疑的大師級人物。他的農耕初體驗其實是製造新鮮葡萄汁，之後才轉攻葡萄酒。如今的他，也與妻子 Cécile 一同種植古老小麥品種（長成後高約 2 公尺），並用其烘焙成麵包，於當地農夫市場上販售。

Bernard 的 Promise 風味濃郁、集中，輕易推翻了不添加二氧化硫便無法陳年的謬論。這是款個人收藏中不能沒有的佳釀。

＊無添加二氧化硫

黑橄欖｜迷迭香｜多汁紅櫻桃

## Mylène Bru, *Far Ouest*
### 隆格多克，2012

格那希、卡利濃、仙梭

創意十足的 Mylène 滿是活力與熱情，她奉聖婦麗塔（Saint Rita，不可能之夢的守護者）為守護神，本人更是一股不可小覷的力量，不但默默地和認為女人不能成為釀酒師的家庭成員不斷抗爭，更自五前年起獨挑大梁，開始了她占地 5 公頃的新計畫。該酒莊以馬犁田，並由她本人一手包辦釀酒、酒窖內的所有工作以及銷售任務。她不屈服，也不咄咄逼人。

Far Ouest 的酒名源自她熱愛的牛仔電影。事實上，她的每個新年份都像是挺進美國荒野西部的冒險，充滿令人興奮期待的開端與美好的結尾。但如同 Mylène 談到自己這趟旅程之辛苦，你到最後只希望自己能撐過就好了。

＊二氧化硫總含量：10 毫克 / 公升

黑櫻桃｜橄欖｜新鮮迷迭香

## Château Le Puy, *Emilien*
### 波爾多 Côtes de Francs，2009

梅洛、卡本內蘇維濃

Château Le Puy 被稱為波爾多珍寶當之無愧，其坐落的多岩高原，和聖愛美濃（Saint-Emilion）以及波美侯（Pomerol）相差不遠。當莊主 Jean-Pierre Amoreau 被問及酒莊是如何在過去 400 年間維持有機耕作時，他打趣地回道：「因為我其中一位祖先太吝嗇，另一位祖先則太有遠見，不願意對葡萄園內施灑化學藥劑。」

自從 2003 年份酒出現於日本漫畫《神之雫》之後，讓酒莊實至名歸地躍升至膜拜酒的地位。Le Puy 釀的是高雅、傳統的波爾多淡紅酒（claret），即便是最傳統的飲者也愛不釋手。這款酒以 85% 梅洛釀成，葡萄來自熟成的一年，為酒款增添豐腴口感，年輕時已經易飲，但也有充足的陳年潛力。

＊二氧化硫總含量：35 毫克 / 公升

飽滿的李子｜雪松｜可可豆

## La Sorga, *En Rouge et Noir*
### 隆格多克，2012

黑格那希、白格那希

光是看 Antony Tortul 這樣悠哉的氣質與滿頭狂野而濃密的捲髮，你絕對猜不出來他其實是位訓練有素的化學家，更是個天生講究細節的人（見〈藝匠酒農〉，頁 100-105）。

這位年輕的酒商釀酒師發跡於隆格多克，自 2008 年起開始釀酒，至今已擁有超過 40 種不同葡萄品種的種植與釀造經驗，包括當地的傳統葡萄，如阿拉蒙、灰鐵烈（terret bourret，即 terret gris）、aubun，以及卡利濃、仙梭、mauzac 等。「我向來希望能夠釀出少量而多樣的酒，最好都要符合無人工干預的原則，也都要能展現純淨的風土特性。」Antony 說。

Antony 的 En Rouge et Noir 是款空靈、芬芳而可口的紅酒，能帶來絕佳的品飲經驗。這是位值得繼續注意的酒農。

＊無添加二氧化硫

紫羅蘭｜白胡椒｜山桑子

# 義大利

## 義大利
## 酒體輕盈的紅酒

**Olek Bondonio, *Langhe D.O.C. Rosso Giulietta***
**皮蒙，2012**

pelaverga piccolo

　　這款酒可能僅有 1,000 瓶產量。更正確的說，由於此品種太稀有，酒莊僅有幾排的葡萄樹可用來釀酒。這款酒嘗來略有黑皮諾香氣，但展現絕佳的單寧架構與花香。Olek 常開玩笑說要拔掉這些葡萄樹，因為這品種產量太低。但玩笑歸玩笑，千萬別真的執行啊！滿載香芬與黑胡椒味的 Giulietta 紅酒，名稱源於 Olek 的女兒，據他所說，Olek 的女兒就是個「嗆辣」（tutta pepe）的女孩兒！

＊二氧化硫總含量：30 毫克 / 公升

**蔓越莓｜石榴｜玫瑰花瓣**

---

下圖：
Elisabetta Foradori 位於義大利多羅邁特山脈（Dolomites）的美麗葡萄園，堆肥沿著一排排的葡萄園綿延不盡。

## 義大利
## 酒體中等的紅酒

**Cantine Cristiano Guttarolo, *Primitivo Lamie delle Vigne***
**普利亞（Puglia），2008**

primitivo

　　primitivo 在美國有個更加出名的名字，稱為金芬黛（zinfandel）。人們常認為這個葡萄品種專釀口感肥美、熱情的酒，當然，它們是可以釀造出這種風格的酒款，但 Guttarolo 的版本完全不同，著重的是新鮮度與酸度。這款酒於不鏽鋼桶槽中釀造，滿載花香，風格直接而清新，嘗來相當成熟而具有鹹鮮風味。

　　Guttarolo 的酒莊位於靠近義大利鞋跟處的 Gioia del Colle，除了這款酒，還有以傳統雙耳陶罐釀成、雖然難尋但相當值得一嘗的 primitivo，這無疑是款絕妙的紅酒。

＊無添加二氧化硫

**山桑子｜巴沙米克紅酒醋｜萊姆**

---

**Guccione, *Rosso di Cerasa***
**西西里，2009**

nerello、perricone

　　Francesco Guccione 的故事是個悲劇，也是個關於毅力與信念的故事。因父親 Leoluca 被指控與黑手黨勾結，Francesco 連帶受迫害而誤入冤獄，並導致他們的產業遭充公。他解釋道：「我父親是個過於天真的農夫，他不知道該如何應對自己所處的社會結構。」Francesco 接著又於 2012 年失去了兄弟：跟他一起管理巴勒摩（Palermo）南端、位於 Monreale Cerasa 谷地的葡萄園的 Manfredi。然而，Francesco 並沒有因此放棄，他繼續自 1996 年起施行有機耕作，如今更全面改行自然動力法，為了「完全尊重環境、消費者，與在這塊土地上耕作的尊嚴」，這是 Manfredi 過去常說的話。

　　這款傑出驚人的 nerello 混調紅酒風味濃郁而令人興奮，香氣撲鼻，滿載花香。

＊二氧化硫總含量：45 毫克 / 公升

**石榴｜李子｜佛手柑**

**Bronda, *'8 Filari'***

**皮蒙 Monferrato，2009**

巴貝拉（barbera）

　　這座規模極小的莊園內有樹齡達 100 歲的未嫁接葡萄樹。這表示，不同於歐洲、甚至是全世界絕大多數的葡萄園，這裡的葡萄是長在自己的砧木上，而非嫁接到美國種上生長；自葡萄根瘤芽蟲（phylloxera）於 19 世紀肆虐全歐後，嫁接至美國種的葡萄藤上是葡萄園最常採用的避蟲手段。如今的巴貝拉通常會經過桶陳，這是因為生產者希望能透過大量的木質味，以補足該品種所缺乏的單寧架構。但這不僅沒必要，還大大糟蹋了該品種的潛力。這款 8 Filari 嘗來可口、具有咬勁，豐富而新鮮，不但得以展現純正巴貝拉的能耐，價位更相當親民。香氣類似肥美櫻桃。

＊無添加二氧化硫

歐洲酸櫻桃（morello cherries）｜迷迭香｜桑椹

---

**Cascina degli Ulivi, *Nibiô, Terre Bianche***

**皮蒙，2007**

多切托（dolcetto）

　　Stefano Bellotti 的酒莊可說是永續農耕的模範莊園。酒莊擁有 22 公頃葡萄園、10 公頃尚可開墾的地塊（以小麥與飼料輪耕）、1 公頃的蔬菜園，以及 1,000 棵果樹、一群牛，與其他多種農場動物。Stefano 自 1970 年代起便施行有機農耕，1984 年後更全面改行自然動力法。以擁有紅色葡萄梗的多切托（當地方言稱為 Nibiô）釀成的紅酒，是 Tassarolo 與 Gavi 產區的古老傳統，該葡萄在這些地區已有超過千年歷史。這支紅酒展現了已發展的香氣、些許野味與複雜的揮發性酸（volatile acidity, VA），單寧已經完全與風味交織為一體，現在已成熟適飲。

＊無添加二氧化硫

歐洲酸櫻桃｜黑橄欖｜野味

---

**Panevino, *Pikadé***

**薩丁尼亞，2011**

monica、卡利濃

　　Gianfranco Manca 繼承了一間烘焙坊與一塊擁有 30 種不同古老品種的葡萄園，這便是他酒莊名稱 Panevino（義大利文直譯為「麵包酒」）的由來。多虧了他對烘焙麵包的了解（及其發酵的過程），釀造葡萄酒理所當然地成為讓他駕輕就熟的過程。這款酒濃郁而鹹鮮，剛開始相當封閉，一旦綻放，讓人想暢飲的特性便顯露無遺，從剛開始的黑櫻桃調性轉化成更多花香與紅果香氣。

＊無添加二氧化硫

桑椹｜酸豆（Capers）｜胡椒薄荷

---

**Lamoresca, *Rosso***

**西西里，2011**

nero d'avola、frappato、格那希

　　Lamoresca 酒莊以當地古老的 moresca 橄欖為名，因為在占地 4 公頃的葡萄園中，就有多達 1,000 株橄欖樹。Filippo Rizzo 在當地是釀酒先驅，成果也相當傑出。這款以 nero d'avola（60%）、frappato（30%）與格那希（10%）釀成的混調紅酒，香氣奔放，滿載明亮的紅色果香。

＊二氧化硫總含量：20 毫克 / 公升

桑椹｜紫羅蘭｜肉桂

---

**Foradori, *Sgarzon***

**特倫提諾，2010**

teroldego

　　Elisabetta Foradori 在多羅邁特山脈擁有占地 26 公頃的酒莊，以 teroldego、manzoni bianco 與 nosiola 等品種為主。釀造 Sgarzon 的這塊地氣候較冷，以砂質土壤為主，此款酒高雅、細緻而具有架構。酒款在 Elisabetta 的黏土陶甕中浸皮長達 8 個月；這陶甕是她請西班牙位於 Villarobledo 的一位頂尖陶甕專家所製造。不妨也注意 Elisabetta 在托斯卡納的新計畫 Ampelaia。

＊二氧化硫總含量：30 毫克 / 公升

歐洲酸櫻桃｜乾燥花｜豆蔻

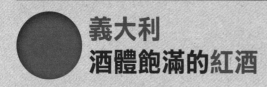

# 義大利
## 酒體飽滿的紅酒

**Cornelissen, *Rosso del Contadino 9***

西西里，2011

nerello mascalese 與其他十多種當地黑白葡萄品種

　　Frank Cornelissen 原本是一名比利時酒商，為了尋求完美風土，終於落腳在活火山埃特納的山丘地。對他而言，這裡是他農耕哲學的縮影：「人無法完全理解自然的複雜與互動性。」Frank 表示。種植時，他盡可能不干預葡萄園，而是遵照自然的指示。他不對土壤進行任何處理，「不管是化學、有機或自然動力法，因為這些全都只是在反應人無法接受自然的態度。」他說。他釀出的這款 Rosso del Contadino 9 既有趣又嚴肅，得花點時間了解它。

＊無添加二氧化硫
**野生草莓｜風信子｜石榴**

---

**Il Cancelliere, *Nero Né***

坎佩尼亞（Campania）Taurasi，2008

aglianico

　　若你想在溫暖的地中海型氣候釀酒，選座位於海拔 550 公尺的葡萄園確實會有所不同。地勢較高代表日夜溫差較大，生長季更長，葡萄酒口感得以較為清爽而不帶烘烤水果味。酒款於大型橡木桶中陳放兩年，再瓶陳兩年，這漫長的熟成有助於緩解 aglianico 宏大而緊實的架構。這釀酒過程都是他向父親所學，照莊主 Soccorso Romano 所說，其中奧妙全來自「平民的智慧」。

＊二氧化硫總含量：8 毫克／公升
**黑醋栗｜花香｜鮮活的蔓越莓**

**Luca Roagna, *Barolo La Pira***

皮蒙，2007

內比歐露

　　如同 Luca 曾告訴我的：「你得把葡萄葉想成你要吃的沙拉，這就表示你不會想要在上面噴灑任何你想舔進嘴裡的東西；就算是波爾多混合劑也一樣。」Luca 的酒莊坐落於皮蒙，謹慎的農耕態度與低干預政策讓他釀出非常傳統的巴羅洛，陳年潛力絕佳，且風格優雅。

　　品質優異的內比歐露，是讓酒款充滿矛盾的主要原因。這個品種一方面勁道十足，單寧厚重，且酒精濃度偏高；另一方面，它又極為細緻、多花香而酒色淺淡。這表示，以內比歐露釀成的酒容易誤導人，它看來清爽，實際上卻不然。絕佳的內比歐露會凸顯這矛盾之處，而 Luca 的 2007 年正是這樣的模範例子。

＊二氧化硫總含量：48 毫克／公升
**梅乾｜巴沙米克紅酒醋｜乾玫瑰**

---

**Paolo Bea, *Rosso de Véo***

翁布里亞（Umbria），2005

sagrantino

　　該酒莊由 Vini Veri（見〈自然酒展〉，頁 122-123）創辦人之一 Giampiero Bea 與兒子 Paolo 經營，酒莊名稱並以 Paolo 為名。這家酒莊的酒款普遍於不鏽鋼桶槽中儲存長達 12 個月，再於木桶中陳放 24 個月，最後還要經過 12 個月的瓶陳，才能釋出。

　　sagrantino 品種可能最初於中古時期由修士自希臘（或亞細亞地區）引進義大利，名稱可能源於「祭衣室」（sacristy，教堂中存放祭祀用禮服的房間）。對 Bea 父子而言，這肯定有其神聖之意。這款美麗的紅酒泛有橘色光圈，香氣濃郁、細緻而鮮明，姿態萬千，並帶有緊緻的架構與女性化的特質，讓酒款嘗來頗為空靈。

＊二氧化硫總含量：50 毫克／公升
**櫻桃｜乾玫瑰花瓣｜橘皮**

# 歐洲其他產區

## 歐洲其他產區
## 酒體中等的紅酒

上圖：
看看那葡萄樹！Mythopia 的花園中此時正生意盎然。

### Celler Escoda-Sanahuja, *Nas del Gegant*
**西班牙 Conca de Barbera，2011**

田帕尼優（tempranillo）、格那希、卡本內弗朗、梅洛

　　這塊占地 10 公頃的複合式農耕酒莊，不只有橄欖樹、杏樹、葡萄樹與蔬菜園，還養了母雞、小雞、火雞、羊、豬與馬等等，這些都是 Joan Ramón Escoda 與 Carmen Sanahuja 農場中「有機」的一環。「我們的葡萄樹永遠都有一層植被，這是為了維持土壤的平衡，以及確保壤土中擁有豐富的微生物群。這層植被也能夠維持土壤的濕度，對於像我們這樣乾燥的地區非常重要。」Nas del Gegant 說。這款爆發出濃郁黑櫻桃香氣的紅酒，是 Joan Ramón 最多汁而易飲的紅酒。

＊無添加二氧化硫

**黑醋栗｜春日花卉｜扁桃**

### Mendall, *Finca Espartal BP*
**西班牙 Terra Alta，2010**

格那希

　　這是我目前最喜歡每天品嘗的酒款之一，易飲而難以抗拒，或，至少如同釀酒師 Laureano Serres 所稱：「這一定要像是棒棒糖一樣可口才行。」這位精神奕奕、風格獨特的加泰隆尼亞釀酒師，在巴塞隆納南端 200 公里之處的高地產區，釀造了十多款葡萄酒；這裡離海僅 50 公里。酒莊每一款酒僅釀出 1,000 瓶（但有些酒款其實僅百瓶不到），而在我嘗遍了他的 2013 年份酒後，能夠很確定地建議：別錯過了這些酒，它們出色極了！

＊無添加二氧化硫

**紅櫻桃｜鳶尾花｜略帶血腥味**

### Mythopia, *Primogenitur*
**瑞士瓦萊州，2011**

黑皮諾

　　Mythopia 酒莊內的陡坡，不但看得到阿爾卑斯山最高峰，更儼然仙境般美麗（見〈具生命力的庭園〉，頁 30-31），滿地野花、果樹、莢果植物與穀類，更有罕見的鳥禽、綠色蜥蜴與超過 60 種蝴蝶。透過阿茲提克人曾使用的古老農法，Mythopia 如今已成為一個擁有上千種豐富生物的生態系統環境。如同 Hans-Peter Schmidt 所形容，這款 Primogenitur 有如「小馬一般不受拘束，是滿載果味、輕鬆活潑」的紅酒，並帶有同樣直接的熱誠，如「在大自然長大、不複雜也沒有算計的孩子一般。這是一款能夠幫助你回憶美好時光的酒。」說得好啊！我自己無法形容得更好了。

＊無添加二氧化硫

**覆盆子｜紫羅蘭｜爽脆紅醋栗**

## Weingut Karl Schnabel, *Blaufränkisch*

### 奧地利南施泰爾馬克，2010

blaufränkisch

「謹記一個大原則：我們只是這片土地上的過客，」Karl 解釋道：「而我們必須為下一代保存這塊土地的完整性。」因為如此，Schnabel 夫妻將土地擁有權或使用權視為照顧這塊土地的責任而非權利。Karl 與 Eva 繼續解釋道，這也表示，地主必須透過這塊土地來做對大眾有利的事，如種植能夠滋養人心的食物，或為更健康的地球做出更多貢獻。

這對夫妻雖然個性內斂而害羞，卻對身為農夫充滿驕傲。他們靜靜地為釀出絕佳酒款而努力，只因這符合其信念。舉例來說，他們會在園中搭起一些石頭堆以製造水窪，邀請爬蟲類動物來成為園中風景（包括滑蛇等無毒蛇類）。這款純淨、帶有礦物味的 Blaufränkisch，嘗來新鮮有活力，可以說是他們信念的明證。

＊無添加二氧化硫

**刺藤｜花香｜新鮮蔓越莓**

## Terroir al Limit, *Les Manyetes*

### 西班牙普里奧拉，2011

格那希

這支格那希來自樹齡 50 歲的老藤，葡萄園位於海拔 800 公尺的地區。酒款純淨、緊緻，滿載黑色果味，單寧溫和，口感帶有如鑿子般精準的質地。事實上，這款酒就如同 Dominik Huber 釀的所有酒款一般（見〈自然白酒〉，頁 156），風味出乎意料地細緻。考量他的酒是在半乾旱的氣候中、頂著西班牙的豔陽釀成，更不得不令人讚嘆他的釀酒工藝。事實上，就我自己的品飲經驗而言，他的每一個年份似乎都比前一年更加精準。這款酒很可能會是你所嘗到最優雅的普里奧哈紅酒！

＊二氧化硫總含量：25 毫克 / 公升

**成熟桑椹｜板岩般的味道｜甘草**

## Tauss, *Blaufränkisch Hohenegg*

### 奧地利南施泰爾馬克，2012

blaufränkisch

Tauss 夫妻的葡萄園坐落於施泰爾馬克南部，這裡有名的是歷史悠久、品質出色的啤酒花；事實上，在 Roland 與 Alice 的莊園中，還可見到古老的啤酒花架。施泰爾馬克區風景如畫，不但有綿延的小丘，還有迷人的紅頂屋子與驟降的陡坡；美麗之餘，這裡更是奧地利自然酒的大本營。施泰爾馬克不但有多元的土質結構、良好的濕度，還有來自地中海的（一點點）溫暖洋風，以及鄰近阿爾卑斯山的冷涼氣候，這些都讓這裡的酒款展現出極佳的細緻度。Roland 的 Blaufränkisch 帶有爽脆的口感與深色果味，以及新鮮度與純淨的特性，這些都讓這款酒既高雅又有勁道。

＊二氧化硫總含量：15 毫克 / 公升

**黑醋栗｜山桑子｜土壤味**

下圖：
發酵一詞來自於拉丁文的 fervere，意指「煮沸」。確實，發酵過程是個既大聲又美妙的過程，看起來也的確像是果汁被煮沸的模樣。

# 歐洲其他產區
# 酒體飽滿的紅酒

## Casa Pardet, *Cabaret Sauvignon*
### 西班牙 Costers del Segre，2012

卡本內蘇維濃

　　Josep Torres 自 1993 年開始這項計畫，從初始他便採行有機耕種，到了 1999 年更全面轉換為自然動力法。對 Josep 而言，再也沒有什麼比活的葡萄園與活的葡萄酒來得更重要，如他所說：「你大可試遍所有你喝得到的『死葡萄酒』，不過，一旦你試過有具生命力、無添加物的自然葡萄酒，你的身體肯定會因此感激你。」

　　一如 Josep，這支難以駕馭的葡萄酒炸彈充滿活力、鮮活的果味、自信以及出人意料的（內斂）高雅特性。除了葡萄酒，不妨也注意一下他那聽來令人興奮的醋，不是 10 年就是 15 年，有些經過索雷拉（solera）系統熟成，有些則於法國橡木桶中陳年，其中有一款是浸漬於迷迭香中，其他則與蜂蜜調配而成。

＊無添加二氧化硫

深色李子｜水田芥｜罌粟

## Clot de Les Soleres
### 西班牙佩內得斯（Penedès），2008

卡本內蘇維濃

　　Carles Mora Ferrer 這座美麗農場坐落於佩內得斯，只比巴塞隆納更內陸一點，其歷史要追溯到 1880 年。2008 年是酒莊推出不添加二氧化硫的首年份，這年份的酒款質地柔和，單寧成熟，酒精濃度 15％，即便品嘗時明顯感受得到卡本內受豔陽的影響，口感依舊完美地與果味平衡。這款酒香氣展現出被烘烤的風味，單寧極為細柔，簡直不像是卡本內蘇維濃；除此之外，酒款還展現出明顯的白蘆筍調性。

＊無添加二氧化硫

黑醋栗｜紅無花果｜白蘆筍

## Nika Bakhia, *Saperavi*
### 喬治亞卡黑地，2010

saperavi

　　曾經旅居德國柏林的喬治亞藝術家 Nika Bakhia，於 2006 年買了一小塊 saperavi 品種的葡萄園，並在喬治亞最大酒鄉卡黑地的 Anaga 地區購入一間廢棄酒窖。這塊占地 6 公頃的地種有 saperavi、rkatsiteli，與其他一系列的原生品種，包括 tavkveri、khikhvi 以及 kakhuri mtsvane；後四個品種均為他的實驗用葡萄品種。「釀酒是個創意的過程，」他解釋道：「如同雕塑或繪畫一般，釀酒也是基於對自然的了解，而不反對或抗拒任何關於自然的本意。」

　　saperavi 不但皮厚，連果肉都有顏色，因此釀出的酒通常色深如墨。我之前曾經將 saperavi 的葡萄汁用在手染，結果做出了一件紫丁香色的 T 恤。Nika 的 saperavi 嘗來非常濃郁、集中而多單寧，酒款於傳統的 qvevri 陶甕中陳年，並深埋在他的酒窖裡——這種酒古法已於 2013 年 12 月獲聯合國認可，或為無形文化遺產之一。

＊二氧化硫總含量：約 10 毫克／公升

黑莓｜迷迭香｜黑醋栗

## Barranco Oscuro, *1368, Cerro Las Monjas*
### 西班牙格拉納達（Granada），2005

卡本內蘇維濃、卡本內弗朗、梅洛、格那希

　　Barranco Oscuro 的這塊葡萄園以其海拔（1,368 公尺）而得名，是全歐幾處最高的葡萄園之一。這裡位於安達魯西亞（Andalucia）的內華達山（Sierra Nevada）山腳，地勢較冷，對葡萄酒的新鮮與酸度有正面影響，同時能中和西班牙炙熱的陽光烘烤葡萄所帶來的影響。兩者相加的結果，是筋肉厚實的酒款，帶有深色莓果香，其香氣與成熟度均展現西班牙風格，緊緻的質地卻又比多數西班牙酒來得紮實。這款酒雖然有橡木桶味（可能是本章節中橡木桶味最重的一款），卻展現了更多多層次的深度。這是需要與食物搭配的酒。

＊無添加二氧化硫

成熟黑莓｜肉桂｜烘烤橡木味

### Bodegas Dagón, *Dagón*

**西班牙烏帖爾雷奎納（Utiel Requena），2002**

bobal

　　Dagón 的葡萄酒完全反應出 Miguel 發展了數十年的單一農耕風格。對葡萄園他向來採最低干預政策，自從 1985 年起便停止對土壤或農地施行任何措施（包括施肥，或甚至是噴灑波爾多混合劑）。Miguel 深信，葡萄樹應該能夠自行適應周邊環境；以該葡萄園而言，意指與葡萄樹分享同一個風土的地中海動植物。而他的葡萄樹也確實適應了當地環境：Miguel 的葡萄據信是全球最健康的一批葡萄（見〈自然酒對你比較好嗎？〉，頁 84-87）。

　　這款極不甜的紅酒如同他的守護者 Miguel 一般，不輕易妥協。葡萄在浸皮數個月後壓榨，並於橡木桶中陳年，一放就是 10 年才裝瓶。這不是你會想要一口氣喝光的酒，雖然其濃郁的風味無疑相當可口，但比較像是一款需要邊喝邊思考的紅酒。

＊無添加二氧化硫

**梅乾｜櫻桃利口酒｜巴沙米克紅酒醋**

### Els Jelipins, *Font Rubi*

**西班牙佩內得斯，2009**

sumol、格那希

　　於 2003 年啟動了 Els Jelipins 的 Glòria Garriga 說：「我的故事很簡單，我喜歡品酒，所以決定進入這產業。一旦成為釀酒師後，我就只想釀造屬於自己的酒。這有一部分是因為過去我品嘗過的許多葡萄酒都過於濃郁、強勁，令人感到疲累，你甚至無法以這些酒款佐餐。所以我心想，如果能夠釀出我自己想喝的酒，那該有多好。這就是我熱愛 sumol 的其中一個原因。那時幾乎所有酒農都放棄了這品種，因為有關單位稱這是『較差』的葡萄，無法釀出品質優異的酒款。事實上，sumol 壓根不能標上佩內得斯法定產區（DO Penedès），但我就是對這個品種釀出的酒愛不釋手。這品種絕大多數都是超過百年的老藤，我尤其喜歡這點，而且種植這品種的老酒農多半是釀來自己喝的，我也愛這社會化的概念，以及保存傳統的想法。」多虧了 Glòria 以及她所釀造的酒款，sumol 的名聲近幾年來再度獲得佩內得斯法定產區的重視，當地甚至開始宣揚這品種的優異之處，而愈來愈多酒農也重新種植 sumol。Glòria 的 Font Rubi 2009

年，每瓶都手繪了獨一無二的紅心，酒款豐裕而飽滿，充滿礦物味，風格平衡，並有些許能夠為這年份酒款酒款帶來更多複雜度的揮發酸。

＊二氧化硫總含量：40 毫克／公升

**黑櫻桃｜酸橙｜乾燥香料**

# 新世界

## 新世界
## 酒體中等的紅酒

### Vincent Wallard, *Quatro Manos*

**阿根廷門多薩（Mendoza），2011**

馬爾貝克（malbec）

　　這個多人聯手的計畫，其名稱來自兩位創辦者：自然酒農與羅亞爾河 Domaine Montrieux 酒莊莊主 Emile Hérédia 和來自倫敦的前法國餐廳業者 Vincent Wallard。雖然計畫初期要克服的問題不少，如找到瓶子與軟木塞的供應商等，Vincent Wallard 的成果卻相當令人興奮。他們的馬爾貝克與阿根廷常見的風格迥異，後者風格制式化：過熟、缺乏果味、桶味過重。他們採用部分整串發酵、部分去梗發酵（這釀酒技藝被稱為「三明治法」，因為每個桶槽內都有不同的層次）。不經橡木桶陳年的酒展現出更多花香、甚至是異國香氣，並帶有胡椒味與柔軟的單寧架構，讓這款酒嘗來相當可口。

＊二氧化硫總含量：15 毫克／公升

**藍莓｜紫羅蘭｜紫羅勒**

### Clos Ouvert, *Huasa*
### 智利茂列（Maule），2011

país

　　有鑑於 país 單一品種酒的稀有程度，你大概萬萬想不到這其實是智利種植面積最廣泛的品種。事實上，你很有可能走遍整個智利的葡萄園，並參觀各家酒莊，然後完全忽視 país 的存在。自從 16 世紀中期由西班牙殖民者／修道士帶入智利後，país 便因為不敵更受歡迎的國際品種而降級為只適合以量取勝的品種，直到 Louis-Antoine Luyt 開始復興。這名年輕的自然酒農發現了這個古老而粗糙的低產量品種，決定開始以旱作農耕、不嫁接砧木的方式（有些葡萄樹真的有超過百年之久）來復興 país。而他也成功釀造出極為複雜且陳年潛力驚人的酒款。對許多人，包括我自己在內，這款 Huasa 是智利如今最令人感到興奮的酒，酒款花香迷人，口感濃郁，帶有煙燻風味與怡人的口感質地與新鮮的礦物味。

＊氧化硫總含量：15 毫克／公升

**鳶尾花｜可可｜鼠尾草**

---

### Clos Ouvert, *Huaso*
### 智利茂列，2008

país

　　名稱得自南美洲牧羊人 gaucho，Huaso 較酒莊年份較新的姊妹酒（上一款）展現更多燻烤風味，相較之下也有更多花香與空靈的特性。事實上，兩者一同品嘗時，便不難發現釀酒師的決定（即便是自然酒也一樣）能夠如何影響酒款風味與個性。這支較為渾厚飽滿的 Huaso 帶有深色果味、聖誕蛋糕與類似丁香的辛香料風味。正如 Louis-Antoine 解釋的：「雖然 Huasa 是釀自樹齡 300 歲的老藤，而這款 Huaso 則是釀自 200 歲的老藤，兩者的風土並無明顯差異。酒中的差異多半來自我們在釀酒廠中所做的決定。」

　　不同於其姊妹作，這款 Huaso 全數去梗釀造，萃取較多，浸皮的時間也較久，結果自然是酒體更加飽滿、單寧也更為濃郁。Louis-Antoine 其他年份較老的酒款如今已相當難尋，因為他有多達上千瓶酒、儲存酒的木桶，還有他的家園與酒窖等，在 2010 年撼動智利中部的一場大地震中已全數毀於一旦。所幸，我品嘗的這瓶躲過了一劫，因此，如果你發現這家的酒款，別遲疑，趕

上圖：
Broc 的卡利濃是另一款酒體飽滿的自然紅酒。

緊買下來。

＊氧化硫總含量：40 毫克／公升

**桑椹｜藍莓｜櫻桃利口酒**

---

### Shobbrook Wines, *Mourvèdre Nouveau*
### 澳洲 Adelaide Hills，2011

慕維得爾

　　澳洲人 Tom Shobbrook 像個興奮的野孩子，任何東西都能引起他的興趣：咖啡、音樂甚至燉肉，全都成為他在酒窖裡製作的東西。與 Tom 相處，你會覺得沒有不可能的事，只要他想得到，所有瘋狂的想法都能成為現實，多半時候，這些「現實」還相當可口。正因為 Tom 的個性，他的酒莊儼然是座有趣的實驗樂園，只要是熱愛食物與風味的人，都能在這裡乘著他的幻想在空中馳騁。Tom 是位感性的釀酒師，也是年輕的風土主義者（terroirists）。他所屬的那股釀酒新浪潮正努力在南半球發揚著他們的信念。這款慕維得爾值得一提，不只是因為其新酒的概念（酒款因此得名），還因為裝瓶時，酒款中殘留些許天然二氧化碳，因此嘗來有些氣泡感，為酒款增添年輕、樂趣與新鮮感。

＊添加二氧化硫

**肥美櫻桃｜石榴｜佛手柑**

## Old World Winery, *Abourious "Garnet"*
### 美國加州，2012

abouriou

　　Darek Trowbridge 是 Old World Winery 的莊主與釀酒師，也是一位博物館策展人。多虧他，加州碩果僅存的 abouriou 葡萄樹得以保存下來。「我力圖維護家族傳統、種植歷史，以及這個珍貴的傳統品種。」Darek 說，他自從 2008 年起，便開始在這塊位於俄羅斯河谷的 80 年老藤葡萄園中工作。出生於義大利裔的索諾瑪葡萄酒農家族，Darek 向祖父 Lino Martinelli 學習「舊世界」的釀酒方式。這款令人興奮的 Abourious "Garnet"，是他的第一款未過濾作品，這款酒需要在壓榨葡萄時用力踩梗，並經五天浸皮才行。他說，這能讓酒款展現可口、甜美且豐富的紅色莓果香氣。如果有機會去酒莊，不妨也品嘗一下他的自製刺梨冰淇淋，超棒的！

＊二氧化硫總含量：30 毫克 / 公升

**歐洲酸櫻桃｜花香｜甜菸草辛香**

## Martians, *Dark Matter, Syrah*
### 美國加州 Los Alamos，2011

希哈

　　奉行自然動力法的 Martians 酒莊，由 Nan Helgeland 與丈夫 Brian 一同經營；Brian 是得獎好萊塢作家 / 製作人，作品包括《神祕河流》（*Mystic River*）、《鐵面特警隊》（*L.A. Confidential*）與《羅賓漢》（*Robin Hood*）。酒莊的釀酒師是才華洋溢的 Mike Roth（不過他最近已另外成立了自己的新計畫 Lo-Fi Wines），他深信不經人工干涉的釀酒哲學，並自舊世界獲得靈感，其真實的風格與當今修飾不斷的加州酒可謂大相逕庭。這款希哈色深、濃郁，餘韻綿長，並帶有完整的風味與新鮮、滿載花香的收結。

＊無添加二氧化硫（Mike 也釀有一款添加了 22 毫克 / 公升二氧化硫的酒款）

**紅櫻桃｜紫羅蘭｜桉樹**

## Domaine Lucy Margaux, *Pinot Noir*
### 澳洲 Adelaide Hills，2010

黑皮諾

　　在重生成為釀酒師之前，南非人 Anton van Klopper 原本是名主廚。旅居國外多年後，他於 2002 年與妻子一同在此買下一塊占地 6.5 公頃的櫻桃園，並自此定居。2010 年時，Anton 再與好友 Sam Hughes、James Erskine 和 Tom Shobbrook（上一款酒）一同創了 Natural Selection Theory 組織。如 Anton 形容的，這個葡萄酒運動宛如「自由爵士風，大膽、毫無安全保證，旨在盡力將原本平淡的現狀推向極限。」Anton 所釀的黑皮諾如今已是全澳洲最純淨的黑皮諾紅酒，酒款向來表現力十足，充滿野莓果風味，並帶有辛香料與鹹鮮風味。這款酒使用他自己所種的葡萄釀造。

＊二氧化硫總含量：35 毫克 / 公升

**覆盆子｜薑｜血橙皮**

### Montebruno, *Pinot Noir, Eola-Amity Hills*
**美國奧勒岡，2011**

黑皮諾

　　Joseph Pedicini 在紐約長大，並在 1990 年代開始了他的精釀啤酒事業，當時精釀啤酒才剛開始萌芽。在偶然的機遇下，他因工作之需前往奧勒岡，在那裡喝到的黑皮諾數量之多，讓他放棄了啤酒，改喝起葡萄酒。Joseph 說：「我從小就在義大利移民家庭中長大；祖母來自巴里（Bari），外祖母則來自那不勒斯。我小時候他們便常在家中釀酒。祖母與父親對我影響很大，從發酵、園藝，到種葡萄的技巧，全都是他們教我的。」只消看他如今所釀的酒款，就不難想像他的祖父母會有多麼以他為榮。多虧了太平洋海風影響，這款黑皮諾的葡萄來自較冷涼的地塊，酒款芬芳、純淨而絕美。

＊二氧化硫總含量：10 毫克／公升

**野生覆盆子｜百合花｜石頭味**

### Clos Saron, *Home Vineyard*
**美國加州 Sierra Foothills，2010**

黑皮諾

　　在與一些志同道合的朋友一同來到這個偏遠之地後，Gideon Beinstock 決定單飛，開創屬於自己的葡萄園，以妻子之名將葡萄園稱為 Clos Saron。Gideon 說：「Saron 不但是我的謬思，還有多年種植葡萄的經驗，」除此之外，她對各種動植物相當有一套：包括狗、貓、雞、兔子、蜜蜂甚至一些人。自從 Gideon 發現酒莊內一個實驗用橡木桶中的酵母渣，會隨著月亮週期而略有改變（橡木桶一側是透明的玻璃材質），他便開始依循月亮週期種植葡萄。

　　2010 年產量極小（這款酒僅 852 瓶），而這款酒更讓我想起 Gideon。這款 Home Vineyard 跟他一樣不裝腔作勢，想了解酒，你得先主動才行，而一旦了解了，內涵的所有美妙便會傾倒而出。這是一款帶有花香的酒，骨架優良，口感緊實而內斂，並且非常含蓄。

＊無添加二氧化硫

**甜石榴｜桑椹｜黃金烘焙咖啡**

# 新世界
# 酒體飽滿的紅酒

### Castagna, *Genesis*
**澳洲比奇沃斯（Beechworth），2009**

希哈

　　海拔 500 公尺 Castagna 葡萄園，坐落於澳洲阿爾卑斯山山腳，就在維多利亞省的歷史城鎮 Beechworth 5 公里外。莊主 Julian 與妻子 Carolann Castagna 都是電影製作人，後者還身兼作家。依照樸門農藝設計而成（見〈葡萄園：自然農法〉，頁 32-37）的 Castagna 酒莊，是為了「將土壤的使用最大化，同時將影響最小化。」Castagna 夫妻說。為了達到此目的，他們找到了樸門農藝運動發起人 David Holmgren，幫他們辨識莊園中重要的原生樹種、水源匯集點以及其他相關要件，這些都會影響到酒莊的設計藍圖；除此之外，夫妻倆所建造的茅草捆屋酒莊也徵詢了他的意見。超過 15 年後的今日，Castagna 已經是一家響負盛名的生產者，釀出的酒款與酒莊本身一樣，具有生命力，並展現出絕佳的細緻度。

＊二氧化硫總含量：10 毫克／公升

**黑莓｜紫羅蘭｜八角**

### Tony Coturri, *Zinfandel*
**美國 Sonoma Valley，1998**

金芬黛

　　具有開拓精神的「金芬黛先生」Tony Coturri 常常被人誤解，但他其實是不折不扣的加州傳統風格金芬黛的酒農兼釀酒師。Tony 的酒款一點也不內斂，反而相當平衡，其所代表的加州風格更是非常出色，而且似乎已消失許久。這既不是酒體宏大、被定型的酒，也不是當下流行的「假歐風」酒款。這款被低估了的葡萄酒，嘗來鹹鮮且複雜。美國所有自然酒吧、酒舖或餐廳，都不應該忽視 Tony 與他的酒款，也別小看了他對美國葡萄酒所代表的意義。

＊無添加二氧化硫

**黑櫻桃｜焦糖布丁｜丁香**

### Jasper Hill, *Georgia's Paddock*
**澳洲維多利亞 Heathcote，2003**

希哈

　　這款大膽的新世界希哈，葡萄選自澳洲的淘金之鄉（即維多利亞省）低產率且高密集度的葡萄園。這塊自然動力法葡萄園遵循旱作農耕；就澳洲葡萄園而言，這極不尋常。在澳洲內陸，每年的灌溉用水會因蒸發而損失上百加侖，因此水資源極為稀少，更非常珍貴。於 1970 年代成立了 Jasper Hill 的 Ron Laughton 認為，如果你在一處種了一株葡萄而枯萎失敗，就表示那株葡萄本來就不應該在那裡生長。這款濃郁、兼具辛香料氣味的紅酒，帶有令人聯想到聖誕節的丁香與黑櫻桃香氣，隨著時間的推進，如今更發展出怡人的野味和土壤香氣。

＊二氧化硫總含量：45 毫克／公升

**櫻桃利口酒｜森林花卉｜丁香**

左圖與對頁：
Tony Coturri 的葡萄園一景，攝於夏末。

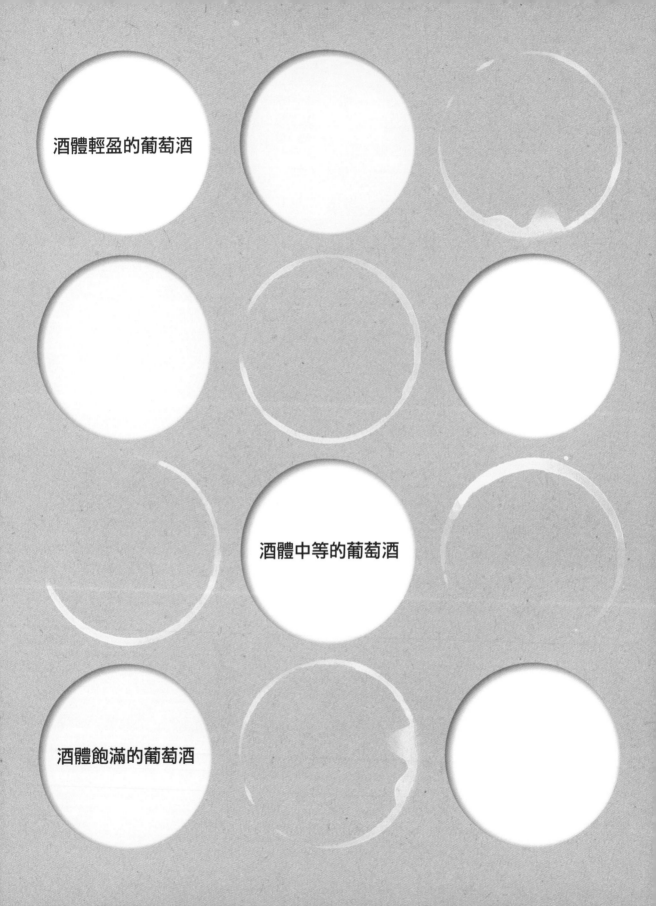

酒體輕盈的葡萄酒

酒體中等的葡萄酒

酒體飽滿的葡萄酒

**甜**酒的糖度來自葡萄的天然糖分。要釀造甜酒方法很多，包括透過貴腐菌，讓葡萄樹上的葡萄因感染黴菌而失去水分，進而縮乾；或採收後在架子上晾乾；又或是於葡萄凍結時再行採收，以釀出冰酒（icewine 或 eiswein）。不管是晾乾、黴菌感染或是冰凍，結果都一樣：大量的殘糖量。這表示酵母與其他微生物有充分的「食物」可供消耗。酒精發酵後，接下來的重點便是讓酒款處於穩定狀態，以防止在裝瓶的酒液中無預警地二次發酵。最簡單也最常見的，莫過於無菌過濾或添加大量二氧化硫，這兩種方法都能夠去除酒中可能造成發酵的微生物，而這也是傳統甜酒生產者最常使用的方式。

# 微甜型與甜型自然酒

　　自然酒生產者則不會使用這些方式。他們之中，有些加入烈酒以停止發酵，並釀出加烈酒，這方式也叫做「加烈強化」（mutage），這是因為高濃度酒精會殺死酒中的微生物，巴紐、莫瑞（Maury）或波特（Port）等地區的加烈酒即是以此法釀造。就釀酒而言，加烈大概是添加二氧化硫以外最安全也最簡單的方式，但也有些自然酒生產者在不添加烈酒、不用添加物也避免大量人工干預下，達成了停止發酵的目的。

　　釀造甜酒是漫長且需耐心的過程。在沒有過濾或添加二氧化硫的情況下，唯有時間才能讓酒質逐漸穩定，正如 Jean-François Chêne 曾告訴我的：「葡萄採收時需要達到 18 甚至 20 度左右的潛在酒精濃度，如此才較容易釀出不添加二氧化硫的甜酒。一旦達成這條件，剩下的就是時間了。釀造甜酒需要漫長的熟成培養期，24 或 36 個月都有可能，有時甚至要 5 年，端視當年度表現。歲月會讓酒款漸趨平衡，由於酵母一直處於高糖分與酒精濃度的環境，自然會掙扎、死去。」

　　雖然裝了瓶，酒款原則上還是會繼續在瓶內發酵，並製造微小氣泡，不過，這通常不會對香氣造成什麼影響。事實上，就某些例子而言，這些微氣泡甚至有助於提升酒款的輕盈度，端視飲者的觀感而

左圖：
正在為靜態紅酒踩皮的
Chris Brockway，也釀有加
烈甜酒，他的方式是加入
葡萄烈酒以停止發酵過程。

對頁左上：
La Biancara 的 風 乾 葡 萄
（recioto）此刻正在酒窖中
乾燥。這個傳統的方法是
濃縮葡萄內的糖分最天然
的方法之一。

對頁下：
南法的莫瑞與巴紐常使用
這類傳統容器釀造加烈甜
紅酒。酒款放在豔陽下，
緩慢地而自然地烘焙。

了。」

　　有些生產者確實會擔心酵母菌突然又開始工作，造成瓶內壓力升高，而突如其來地爆開。為了安全起見，他們會用和啤酒相同的皇冠瓶蓋封瓶，並存放於香檳瓶中，以確保酒款不會因瓶內壓力過大而爆開。本章列出的絕大多數酒款均不添加二氧化硫，有些酒款有經過微過濾，有些則經過加烈。這些全是自然的過程，而那些既沒有添加二氧化硫又不經加烈的天然甜酒，則可說是大自然真正的珍寶；事實上，多數傳統酒生產者都會說，這是不可能的事。這些天然甜酒普遍經過多年熟成，以待酒質穩定，並逐漸發展出一些極為美妙、複雜的風味與口感。那些你幾乎不曾品嘗過的滋味，會在口中綿延不散。慢慢品嘗吧，它們非常非常稀有。

## 大相徑庭

　　別把用自然方式釀造的甜酒和天然甜葡萄酒（vin doux naturel, VDN）搞混了。後者雖直譯為「天然甜酒」，但其實是個法定名稱，用來形容包括莫瑞、巴紐或其他加烈釀成的甜酒。VDN 其實一點也不天然，因為釀造過程可添加商業用酵母或二氧化硫等物。

定。喝慣了靜態酒款的飲者，也許會被這些許泡泡嚇到，但由於絕大多數的自然酒生產者都不是為了要短時間獲利而釀酒，他們傾向讓酒款經長時間陳年，直到穩定了才會上市，因此在自然甜酒中喝到泡泡的機會微乎其微。如同 Chêne 最近向我解釋的：「我還有幾瓶 2005 年的酒，因為糖分不均衡始終沒安排上市。我得等上好長一段時間，待酒質穩定後才會釋出這些酒。我不打算添加二氧化硫，更不想過濾酒款，但這就表示我只能仰賴漫長的熟成期，讓酒款自行平衡並穩定

# 酒體中等的
# 微甜與甜型酒

## Esencia Rural, *Cepas Centenarias de Sol a Sol*
**西班牙卡斯提雅曼查（Castilla La Mancha），2009**

airén

葡萄園位於馬德里南端一小時車程，airén 葡萄樹樹齡已有 120 年。雖然 airén 是西班牙種植面積最廣的品種，但多半製成西班牙白蘭地而非葡萄酒。這款酒展現美麗的菸草色澤，倒入杯中後顏色變深得很快，但這無須擔心。以微甜酒而言，這款酒風格濃郁、柔美，由於屬於微甜等級，酒款嘗來新鮮，已經相當適飲。同時展現出令口中緊澀與乾燥的單寧架構，這是來自於浸皮的過程。

＊無添加二氧化硫

**鹹味焦糖｜茶葉｜無花果**

## La Grange Tiphaine, *Les Grenouillères*
**法國羅亞爾河，2009**

白梢楠

Alfonse Delecheneau 於 1800 年代時創造了這塊占地 10 公頃的莊園。這家酒莊如今已傳到曾孫 Damien 與妻子 Coralie 的手上。Les Grenouillères 是一款以 80 歲老藤釀成的半甜型酒款，殘糖量每公升有 35 克，酸度明亮而乾淨，嘗來幾乎令人聯想到徐徐的微風與花香，出乎意料之外的清新。Damien 也釀有美好的自然微泡酒（pet nats），值得找來品嘗。

＊二氧化硫總含量：40 毫克 / 公升，有過濾

**榅桲｜燈籠果｜乾燥杏桃**

## Le Clos de la Meslerie, *Vouvray*
**法國羅亞爾河，2009**

白梢楠

原為美國銀行家的釀酒師 Peter Hahn，於 2002 年在羅亞爾河流域成立了酒莊。他的 Vouvray 於橡木桶中發酵並經酒渣陳年 12 個月後，又在瓶中熟成了 6 個月才上市。這款濃郁的白梢楠微甜型白酒，帶有令人口頰生津的礦物味與絕佳的純淨度，以及煙燻味和濕羊毛味。這是支酒體宏大的酒款。

＊二氧化硫總含量：37 毫克 / 公升

**成熟梨子｜打火石｜花粉**

## Les Enfants Sauvages, *Muscat de Rivesaltes*
**法國胡西雍，2012**

蜜思嘉

因愛上南法，德裔夫妻 Carolin 與 Nikolaus Bantlin 於十年前左右放棄原有的工作，舉家搬到 Fitou，開始釀起蜜思嘉甜酒，以滿足他們家族的用酒需求，沒想到如今他們的酒款大受歡迎，供不應求。這款酒帶有新鮮的葡萄果味，2012 年還是年輕的加烈酒，並帶有些許異國水果風味。

＊二氧化硫總含量：35 毫克 / 公升

**土耳其軟糖｜百香果｜葡萄味**

## La Coulée d'Ambrosia, *Douceur Angevine, Le Clos des Ortinières*
**法國羅亞爾河，2005**

白梢楠

從父母親手上繼承了占地 4 公頃的羅亞爾河莊園之後，Jean-François Chêne 幾乎在 2005 年一接手便立即轉型為有機農耕。他的 Douceur Angevine 釀自貴腐菌葡萄，採收時的潛在酒精濃度超過 20%。酒款於橡木桶中陳年，在無添加物與無人工干預的情況下，熟成了整整五年，成果是帶有相當多堅果與果香的美酒。

＊無添加二氧化硫

**蜜漬杏仁｜棗子｜萊姆**

**Domaine Saurigny, S**

**法國羅亞爾河 Côteaux du Layon，2006**

白梢楠

　　Jerome Saurigny 於波爾多學習釀酒，之後又在波美侯、聖愛美濃與普榭岡（Puisseguin）等產區擔任過酒窖經理，他最後因 Les Griottes 與其不經人工干涉的酒款而大受啟發，終於來到羅亞爾河。這款濃稠如蜜的 S，質地令人驚豔，有點像是液態蜂蜜，甚至像是 Tokaj eszencia 等級的甜白酒一般稠密。S 嘗來有胡桃醬與焦糖布丁的風味，另帶有百香果般的酸度。

＊無添加二氧化硫

**蜂蜜｜胡桃醬｜焦糖布丁**

上圖：
Vinyer de la Ruca 的酒瓶令人咋舌，每一支都獨一無二。

# 酒體飽滿的
# 微甜與甜型酒

**Clot de l'Origine, Maury**

**法國胡西雍，2010**

黑格那希與一點灰格那希、白格那希、macabeo 與卡利濃

　　這塊占地 10 公頃的酒莊由 Marc Barriot 於 2004 年創立，葡萄園遍布南法阿格利河谷的五個村莊：Calc、莫瑞、Estagel、Montner 與 Latour de France，土壤結構與微型氣候完全不同。這款格那希加烈甜紅酒具有單寧與直接的新鮮果味，風格濃郁而純淨，另有一些新鮮的葡萄與黑櫻桃等調性。這款酒的成功，大部分要歸功於 Marc 酒莊的低產量（每公頃僅釀造 800 公升），以及他所使用的「果粒加烈法」（mutage sur grain）這個釀製優質加烈酒的傳統釀酒技藝正如其名，是在葡萄浸皮時進行人工停止發酵，以釀出品質更優的加烈酒。他將葡萄蒸餾烈酒（eau de vie）加進所有橡木桶裡，以保留葡萄最原始的風味。

＊二氧化硫總含量：8 毫克／公升

**梅乾｜黑莓｜摩卡**

**Vinyer de la Ruca**

**法國胡西雍 Banyuls，2011**

格那希

　　如同 Manuel di Vecchi Staraz 於自家網站中寫到的：「全部手工製作」（Tot es fa a la mà）。這個加泰隆尼亞人每年只釀造 1,000 瓶酒，完全不用任何需要電力或石油發電的機械釀酒，照 Manuel 所形容的，「會旋轉的、滑行的、干涉的或加速的」他全都拒絕用。這款酒釀自巴紐產區樹齡 50 歲的老藤，葡萄矗立於西法邊界的陡坡上。酒款芬芳，帶有花香與濃郁的深色果香。

＊無添加二氧化硫

**可可豆｜佛手柑｜黑桑椹**

**La Biancara, *Recioto della Gambellara***

**義大利唯內多，2008**

garganega

　　Angiolino Maule 是 VinNatur 酒農協會的創辦人兼會長，也是這家酒莊的莊主。這款令人深思的酒以架上風乾的 garganega 葡萄釀成。酒款發酵期較長，接著持續浸皮，三年後才裝瓶。酒款展現絕佳的複雜度與豐腴的口感，其酸度更有如冰一般新鮮，另帶有鹹味焦糖和些許浸皮帶來的單寧質地，是款奢侈的酒。

＊無添加二氧化硫

**番紅花｜核桃｜多香果（allspice）**

---

**Broc Cellars, *Mockvin du Broc, Valdiguié***

**美國加州，2011**

valdiguié

　　自然都會酒莊（natural urban winery）最近在加州如雨後春筍般冒出，坐落於柏克萊的 Broc 便是其中之一。這間被莊主 Chris Brockway 稱做「低瓦特」（low-wattage）的酒窖，雖然鮮少仰賴任何現代機械，依舊釀出了一些非常優異的酒款。這款加烈甜紅酒帶有氧化風格，展現出堅果、梅乾與無花果等成熟果味。別忘了也試試他的 1870 Carignan 與 2012 年的干型 Valdiguié。

＊無添加二氧化硫

**焦糖布丁｜烤芝麻仔｜杏仁核**

---

**Ledogar, *Mourvèdre Vendange Tardive***

**法國隆格多克，2001**

慕維得爾

　　Xavier 與 Mathieu Ledogar 是一對釀酒兄弟，他們的曾祖父與外曾祖父都是酒農，父親 André 與祖父 Pierre 也不例外；後兩位至今依舊在園裡幫忙，即便 Pierre 已經高齡 97 歲。酒莊的 Mourvèdre Vendange Tardive 以沾染貴腐的晚摘慕維得爾釀成，發酵與熟成十年後才釋出，嘗來風味多層次，非常甜美，並帶有咖啡調性，餘韻極為綿長。酒款每公升 80 克的殘糖量與 17% 的酒精濃度，都是自然得來，相當驚人。這款酒理當各別品飲以享受其美好之處，但也可以搭餐。

＊無添加二氧化硫

**芫荽｜咖哩葉｜石蜜（jaggery）**

---

**AmByth Estate, *Passito***

**美國加州，2012**

山吉歐維樹、希哈

　　這家種有橄欖的莊園占地 8 公頃，坐落於 Paso Robles，是當地唯一一家獲得自然動力法認證的酒莊，由 Welshman Phillip Hart 與美裔妻子 Mary Morwood Hart 所擁有。這款 Passito 以山吉歐維樹和希哈釀成，葡萄則是掛在帳棚內的曬衣繩上晾乾的！酒款嘗來帶有明顯的葡萄乾風味，但也不乏新鮮的薄荷調性。

＊無添加二氧化硫

**歐洲酸櫻桃｜葡萄乾｜薄荷**

---

對頁：
雖然有些自然酒生產者會不定期對外開放，歡迎參觀與品酒，但絕大多數的業者，包括 The Natural Wine Cellar 機構，其實因規模太小而無法長期對外開放。建議出門前要先打電話或 email，已確認酒莊能夠接待你，免得撲了個空。

# 其他值得推薦的酒農

以下的清單列出就我所知，屬於自然、有機或自然動力法生產者，他們盡可能在酒窖中避免人工干涉過程（有些特別的酒款或許並非如此，因此直接向酒莊或酒農確認是最好的方式）。這份清單當然不可能完整（所以我對遺漏的酒農感到非常抱歉），主要是列出一些有趣的生產者以便消費者能夠自行品嘗。

## 澳洲

Bindi Wines
Bobar
Cobaw Ridge
Jauma
Luke Lambert
Patrick Sullivan

## 奧地利

Georgium
Tschida Illmitz

## 捷克

Dva Duby

## 克羅埃西亞

Giorgio Clai

## 法國

### 阿爾薩斯

Audrey and Christian Binner
Domaine Gérard Schueller
Domaine Zind Humbrecht

### 阿德榭（Ardèche）

Andrea Calck
Domaine du Mazel
Domaine les Deux Terres
Jérome Jouret
Le Raisin et l'Ange (Gilles Azzoni)

### Auvergne

Domaine La Bohème (Patrick Bouju)
Jean Maupertuis
Marie and Vincent Tricot

### 薄酒來

Christian Ducroux
Damien Coquelet
Domaine Joseph Chamonard
Domaine Philippe Jambon
France Gonzalez
Georges Descombes
Guy Breton
Jean Foillard
Jean-Claude Lapalu
Jean-Paul and Charly Thévenet
Julie Balagny
Julien Sunier
Karim Vionnet
P-U-R (also Burgundy and Rhône)
Yvon Métras

### 波爾多 / 法國西南部

Château Lamery
Château Lassolle
Château Meylet
Domaine du Pech
Domaine Cosse Maisonneuve
Domaine des Causse Marines
Domaine Léandre-Chevalier
Domaine Rols (Patrick Rols)
La Closerie des Moussis
Mas del Périé

### 布根地

Alice and Olivier de Moor
Château de Béru
Domaine Alexandre Jouveaux
Domaine de La Romanée Conti
Domaine Derain
Domaine des Vignes du Maynes
Domaine Emmanuel Giboulot
Domaine Philippe Pacalet
Domaine Prieuré Roch
Domaine Trapet
Fanny Sabre
Les Champs de l'Abbaye
Pierre Boyat

### 香檳

Agrapart & Fils
Benoît Lahaye
Cédric Bouchard
David Léclapart
Domaine Jacques Selosse (Anselme Selosse)
Fleury
Francis Boulard
Françoise Bedel
Franck Pascal
La Closerie
Marie Courtin
Vincent Couche

### 科西嘉（Corsica）

Antoine Arena
Comte Abbatucci

## 侏儸

Didier Grappe

Domaine de l'Octavin

Domaine Ganevat

Domaine Philippe Bornard

Julien Labet

## 隆格多克

Benjamin Taillandier

Catherine Bernard

Château de Gaure

Château La Baronne

Clos du Gravillas

Domaine Beauthorey

Domaine Binet-Jacquet

Domaine de l'Escarpolette

Domaine des 2 Anes

Domaine Jean-Baptiste Senat

Domaine Ledogar

Domaine Les Clos Perdus

Domaine Les Hautes Terres

Domaine Mouressipe

Domaine Thierry Navarre

Domaine Zélige Caravent

Julien Peyras

Le Loup Blanc

Le Pelut

Les Sabots d'Hélène

Le Temps des Cerises

Lous Grèzes

Mas Coutelou

Opi d'Aqui

Rémi Poujol

Riberach

## 羅亞爾河

Baptiste Cousin

Béatrice and Pascal Lambert

Bruno Allion

Château de la Roche en Loire

Château du Perron / Le Grand Cléré

Château Tour Grise

Clos Cristal

Cyrille Le Moing

Didier Chaffardon

Domaine de Bel-Air (Joël Courtault)

Domaine de la Coulée de Serrant

Domaine de l'Ecu

Domaine de Veilloux

Domaine du Clos de l'Elu

Domaine Frantz Saumon

Domaine La Sénéchalière

Domaine Le Briseau

Domaine Le Picatier

Domaine Les Capriades

Domaine Les Roches

Domaine St Nicolas

François Saint-Lô

La Ferme de la Sansonnière

La Paonnerie

Les Vins Contés

Muriel and Xavier Caillard

Nicolas Réau

Noëlla Morantin

Pithon-Paillé (Joseph Pithon)

Thierry Puzelat

Toby Bainbridge

## 普羅旺斯

Château Sainte-Anne

Domaine de Trévallon

Domaine Hauvette

## 隆河

Clos des Cimes

Clos des Mourres

Domaine de Villeneuve

Domaine du Coulet

Domaine Gourt de Mautens

Domaine Gramenon

Domaine La Ferme Saint-Martin

Domaine Marcel Richaud

Domaine Montirius

Domaine Romaneaux-Destezet

Domaine Rouge-Bleu

Domaine Viret

Eric Texier

Hirotake Ooka

La Gramière

La Roche Buissière

Les Champs Libres

Stéphane Othéguy

## 胡西雍

Bruno Duchêne

Clos du Rouge Gorge

Clot de l'Oum
Collectif Anonyme
Domaine de l'Horizon
Domaine du Matin Calme
Domaine du Possible
Domaine Gauby
Domaine les Foulards Rouges
Domaine Vinci
Le Bout du Monde
Le Scarabée
Vignoble Réveille

### 薩瓦（Savoie）

Jean-Yves Péron
Domaine du Perron
Prieuré Saint Christophe

## 喬治亞

Aleksi Tsikhelashvili
Iago Bitarishvili
Jakeli Wines
Kakha Berishvili
Nikoloz Antadze
Pheasant's Tears
Ramaz Nikoladze
Sopromadze Marani

## 德國

2Naturkinder
Frank John

## 義大利

### 阿布魯佐

Tenuta Terraviva

### 坎佩尼亞

i Cacciagalli
Podere Veneri Vecchio

### 艾米里亞─羅馬涅

La Stoppa
Maria Bortolotti
Orsi─Vigneto San Vito
Podere Pradarolo
Vittori Graziano

### 弗里尤利─維內奇亞─朱利亞（Friuli Venezia Giulia）

Damijan Podversic
Dario Prinăc
Josko Gravner
La Castellada
Paolo Vodopivec
Paraschos

### 利克里亞（Liguria）

Stefano Legnani

### 倫巴底（Lombardy）

Albani Viticoltori
Ar.Pe.Pe.
Cà del Vent
Fattoria Mondo Antico

### 皮蒙

Carussin
Cascina Roera
Cascina Tavijn
Ferdinando Principiano
La Morella
Valli Unite

### 普利亞

Natalino del Prete

### 西西里

Arianna Occhipinti
Cos
Presa
Vino di Ana

### 托斯卡尼

Campinouvi
Casa Raia
Fattoria La Maliosa
Fonterenza
La Porta di Vertine
Massa Vecchia
Montesecondo
Pacina
Pian del Pino
Podere San Giuseppe (Stella di Campalto)
Santa10

### 翁布里亞

Cantina Margò

### 唯內多

Ca' dei Zago

Casa Belfi
Casa Coste Piane
Davide Spillare
Malibran
Masiero
Zanotto

## 紐西蘭

Pyramid Valley

## 斯洛維尼亞

Batič
Klabjan
Kmetija Štekar
Movia
Nando

## 南非

Intellego

## 西班牙

Bodegas Cueva
Cauzón
Demencia Wine
Domaines Lupier
Marenas
Mas Estela
Naranjuez
Olivier Rivière (Arlanza label)
Sedella Vinos
Sistema Vinari
Viña Enebro
Vinos Ambiz
Vinos Patio

## 瑞士

Albert Mathier et Fils

## 英國

Charlie Herring

## 美國

Arnot-Roberts
A Tribute To Grace
Brianne Day
Edmunds St. John
Kelley Fox Wines
Lo-Fi Wines

# 名詞解釋

**醋酸菌 Acetic acid bacteria, AAB**

在發酵過程造成乙醇氧化轉變為醋酸的細菌。醋的產生得歸因於此類細菌。

**農藝學家 Agronomist**

在土壤管理與作物產量方面專精的農業專家。

**酒精發酵 Alcoholic fermentation**

酵母菌將糖轉化為酒精與二氧化碳的過程。

**法定產區 Appellation**

受法令保護的地理區域之葡萄酒，在法國是以 AOC/AOP（Appellation d'Origine Contrôlée/Protégée）縮寫做標示。有時在本書中以此為總稱，例如在談到義大利與等同於 AOC 的 DOC（Denominacion de Origine Contr-ollata）時。

**自然動力法農耕 Biodynamic farming**

一種非常傳統、考量到整體環境的農耕方式，由 Rudolf Steiner 在 1920 年代所提出。

**波爾多混合劑 Bordeaux Mix**

混合銅與二氧化硫、石灰、水的一種真菌殺除劑。

**大型木桶 Botte（複數 botti）**

義大利文，意指大型葡萄酒桶或木桶。

**酒香酵母 Brettanomyces**

一種酵母菌株。當酒中存有為數眾多的此類菌株時，會主導葡萄酒的風味，使酒款出現強烈的農場或薩拉米臘腸（salami）的氣息，被視為葡萄酒的缺陷。

**菌落形成單位 Colony forming unit, CFU**

微生物學中用來測量細菌的大小或真菌數量的單位。

**加糖 Chaptalization**

在葡萄汁中加入糖，是一種增加酒精濃度的人為操控方式。

**冷凍萃取法 Cryoextraction**

在壓榨葡萄前先經過冷凍過程。果實中結冰的水分在壓榨過程中會被移除，使葡萄汁的糖分更加濃縮。

**單批酒款 Cuvée**

法文中對「一批次」的葡萄酒所使用的通稱；無論是混調或單一品種酒款。

**除渣 Disgorgement**

在氣泡酒釀製的最後階段所進行的去除沉澱物過程。

**釀酒師 Enologist**

葡萄酒釀造者。

**培養 Élevage**

法文，意指到葡萄酒裝瓶前的照料過程。

**澄清 Fining**

加速酒液中懸浮的微小物質（如單寧、蛋白質等）的沉澱，過程中使用不同的試劑，包括蛋白、牛奶、魚類衍生物、黏土等。

**酒花酵母 Flor**

在葡萄酒熟成過程中酒液表面產生的一層酵母菌，在釀製西班牙雪莉酒與侏儸黃酒扮演重要角色。

**大型橡木桶 Foudre**

法文，意指大型橡木桶。

**綠色革命 Green Revolution**

在 20 世紀中期所發生的農業革命，藉由科技發展與高產量品種、殺蟲劑與合成肥料等促使全球農作物產量大幅提升。

**公頃 Hectare**

即 1 萬平方公尺（約 2.5 英畝）。

**百公升 Hectoliter**

公制容量單位，相當於 100 公升。

**原生酵母菌 Indigenous Yeast**

即天然存在於葡萄園與釀酒廠的酵母菌。

**乳酸菌 Lactic acid bacteria, LAB**

葡萄酒發酵過程中促成乳酸發酵的細菌，能將尖銳的蘋果酸轉化為較柔軟的乳酸。

**酒渣 Lees**

聚集在酒桶底部的死酵母菌與其他在發酵過程所生成的沉澱物。

**浸皮 Maceration**

將葡萄與葡萄汁浸泡在一起。

**乳酸發酵過程 Malolatic fermentation（Malo、MLF）**

葡萄中自然存在的蘋果酸在葡萄酒釀製過程中被轉化為乳酸。通常在酒精發酵過程中間或之後進行，偶爾也會在那之前發生。

**百萬紫 Mega Purple**

在葡萄酒釀製過程中用以增加色澤與甜度的葡萄濃縮物。

**鼠臭味 Mousiness**

酒中出現的腐壞氣息，聞起來像是花生醬或酸敗的牛奶。

**未發酵葡萄汁（原液）Must**

新鮮壓榨的葡萄汁。

**加烈 fortification（Mutage）**

這是將烈酒加入葡萄汁使發酵過程中止以便使酒中存留天然糖分；波特酒便是如此釀製。

**果粒加烈 Mutage sur grain**

同上。但不同之處在於烈酒加入發酵中的葡萄原液與葡萄中，而非僅加入葡萄汁中。

**酒商 Négociant**

生產者買進葡萄或葡萄酒，之後以自己的酒標做包裝。

**貴腐菌 Noble rot (Botrytis cinerea)**

一種長在葡萄上的黴菌，使葡萄的糖分得以濃縮。貴腐菌的存在也使甜酒得以變得複雜。

**氧化作用 Oxidation**

當葡萄酒或葡萄酒原液接觸到過多氧氣時，酒質會遭到破壞，使酒中產生明顯的核果或焦糖氣息。

**樸門農藝 Permaculture**

這是一種永續的農耕方式，旨在發展出自給自足的生態環境。

**直接壓榨 Pressurage direct**

葡萄不經果皮接觸，直接榨汁的過程。

**喬治亞陶罐 Qvevri（Kvevri）**

英文拼法兩者可交換使用。這是一種大型陶罐，在喬治亞傳統上用在葡萄酒的發酵與熟成，通常埋於地底下。

**再次發酵 Re-fermentation**

未發酵的殘存糖分在瓶中再次開始發酵。

**逆滲透 Reverse osmosis**

一種非常複雜、高科技，以淘汰方式過濾掉葡萄酒中不需要的揮發酸、水、酒精、煙味等。

**酒液黏稠 Ropiness**

有時候在葡萄酒熟成過程或裝瓶後，酒中的細菌會使葡萄酒產生出油質。

**無菌過濾 Sterile-filtration**

用孔徑極小的膜片過濾葡萄酒（小至 0.45 微米），濾除酵母菌與細菌。

**二苯乙烯 Stilbene**

葡萄酒中天然存在的抗氧化劑。白藜蘆醇便是一種二苯乙烯。

**二氧化硫 Sulfites**

一種用來抗氧化與抗菌的葡萄酒添加劑。

**單寧 Tannin**

天然存在於葡萄梗、籽、皮中，使葡萄酒嘗起來有乾澀的口感（想像自己喝到濃茶的感覺）。在葡萄酒釀酒過程也可能從橡木桶萃取到些許單寧。

**酒石酸結晶體 Tartrate crystals**

即酒石酸中的鉀酸鹽體；也常被稱為葡萄酒鑽石。

**紅汁葡萄品種 Teinturier grape variety**

這是紅肉葡萄品種，得以釀製出色澤極深的葡萄酒。

**西班牙陶罐 Tinaja**

西班牙陶罐用在葡萄酒發酵與熟成階段。

**酒農 Vigneron（法文陰性為 vigneronne）**

即葡萄酒生產者。

**超甜型甜酒 Vin liquoreux**

即甜葡萄酒。

**年份差異 Vintage variation**

每年的葡萄酒生長條件都有所不同。

**葡萄種植學 Viticulture（viniculture）**

與葡萄種植有關的科學。

## 酒農協會

**S.A.I.N.S.**: vins-sains.org

**VinNatur**: vinnatur.org/en

**Association des Vins Naturels**: lesvinsnaturels.org

**Renaissance des Appellations**: renaissance-des-appellations.com

**Vini Veri**: viniveri.net

**PVN (Productores de Vinos Naturales)**: vinosnaturales.wordpress.com

**Simbiosa**: simbiosa.eu

**Taste Life**: schmecke-das-leben.at

## 自然葡萄酒展

**RAW**: rawfair.com

**La Dive Bouteille**: diveb.blogspot.co.uk

**À Caen le Vin**: vinsnaturelscaen.com

**Buvons Nature**: buvonsnature.over-blog.com

**Festivin**: festivin.com

**H2O Vegetal**: laureanoserres.wordpress.com /2013/12/23/h2o-vegetal-2014

**Les 10 Vins Cochons**: les10vinscochons.blogspot.co.uk

**Les Affranchis**: les-affranchis.blogspot.co.uk

**Real Wine Fair**: therealwinefair.com

**Rootstock**: rootstocksydney.com

**Salon des Vins Anonymes**: vinsanonymes.canalblog.com

**Vini Circus**: vinicircus.com

**Vini di Vignaioli**: vinidivignaioli.com

## 自然酒哪裡找

　　以下的清單（包含酒吧、餐廳與零售酒商）都涵蓋在〈何地、何時：品嘗與購買自然酒〉中，頁 124-127。更為詳盡的清單則能在 www.isabellelegeron.com 的 Natural Wine Map 單元中找到。

## 高級餐廳

**Hibiscus**（倫敦）：hibiscusrestaurant.co.uk

**Noma**（哥本哈根）：noma.dk

**Rouge Tomate**（紐約）：rougetomatenyc.com

**Tauben Kobel**（靠近維也納）：taubenkobel.at

## 一般餐館與酒吧

**Elliot's**（倫敦）：elliotscafe.com

**40 Maltby St**（倫敦）：40maltbystreet.com

**Antidote**（倫敦）：antidotewinebar.com

**Brawn**（倫敦）：brawn.co

**Soif**：soif.co

**Terroirs**：terroirswinebar.com

**Green Man & French Horn**：greenmanfrenchhorn.co

**Vivant**（巴黎）：vivantparis.com/en/

**Verre Volé**（巴黎）：leverrevole.fr

**The Ten Bells**（紐約）：thetenbells.typepad.com

**Punchdown**（舊金山）：punchdownwine.com

**Terroirs**（舊金山）：terroirsf.com

**Les Trois Petits Bouchons**（蒙特婁）：lestroispetitsbouchons.com

**Shonzui**（東京）：2F, 7-10-2 Roppongi, Minato-ku, Tokyo

## 零售商店

**Whole Foods UK**（倫敦）：wholefoodsmarket.com/stores/kensington

**La Cave des Papilles**（巴黎）：lacavedespapilles.com

**Les Zinzins du Vin**（法國貝桑松）：leszinzinsduvin.com

**Chambers St Wines**（紐約）：www.chambersstwines.com

**Uva**（紐約）：uvawines.com

## 推薦書單

　　以下是我讀過、你也可能會覺得有趣的書籍。它們不見得全是關於自然葡萄酒，卻對了解我現在所倡導的一切極有幫助；祝你閱讀愉快。

**Abouleish**, Ibrahim, *Sekem: A Sustainable Community in the Egyptian Desert* (Floris Books, 2005)

**Augereau**, Sylvie, *Carnet de Vigne Omnivore—2e Cuvée* (Hachette Pratique, 2009)

**Allen**, Max, *Future Makers: Australian Wines For The 21st Century* (Hardie Grant Books, 2011)

**Bird**, David, *Understanding Wine Technology: The Science of Wine Explained* (DBQA Publishing, 2005)

**Bourguignon**, Claude & Lydia, *Le Sol, la Terre et les Champs* (Sang de la Terre, 2009)

**Campy**, Michel, *La Parole de Pierre—Entretiens avec Pierre Overnoy, vigneron à Pupillin, Jura* (Mêta Jura, 2011)

**Chauvet**, Jules, *Le vin en question* (Jean-Paul Rocher, 1998)

**Columella**, *De Re Rustica: Books I–XII* (Loeb Classical Library, 1989)

**Diamond**, *Jared, Collapse* (Penguin Books, 2011)

**Feiring**, Alice, *Naked Wine: Letting Grapes Do What Comes Naturally* (Da Capo Press, 2011)

**Goode**, Jamie and **Harrop**, Sam, *Authentic Wine: toward natural sustainable winemaking* (University of California Press, 2011)

**Gluck**, Malcolm, *The Great Wine Swindle* (Gibson Square, 2009)

**Jancou**, Pierre, *Vin vivant: Portraits de vignerons au naturel* (Editions Alternatives, 2011)

**Joly**, Nicolas, *Biodynamic Wine Demystified* (Wine Appreciation Guild, 2008)

**Juniper**, Tony, *What Has Nature Ever Done For Us? How Money Really Does Grow On Trees* (Profile Books, 2013)

**Mabey**, Richard, *Weeds: The Story of Outlaw Plants* (Profile Books, 2012)

**Matthews**, Patrick, *Real Wine* (Mitchell Beazley, 2000)

**McGovern**, Patrick E., *Ancient Wine: The Search for the Origins of Viniculture* (Princeton University Press, 2003)

**Morel**, François, *Le Vin au Naturel* (Sang de la Terre, 2008)

**Pliny** (the Elder), *Natural History: A Selection* (Penguin Books, 2004)

**Pollan**, Michael, *Cooked: A Natural History of Transformation* (Penguin, 2013)

**Robinson**, Jancis, **Harding**, Julia and **Vouillamoz**, José, *Wine Grapes* (Penguin, 2012)

**Thun**, Maria, *The Biodynamic Year—Increasing yield, quality and flavor, 100 helpful tips for the gardener or smallholder* (Temple Lodge, 2010)

**Waldin**, Monty, *Biodynamic Wine Guide 2011* (Matthew Waldin, 2010)

## 網站與部落格

　　以下作者們時常在文章中談到自然酒（倘若我遺漏任何人，在此先行道歉。更詳盡的清單請見 www.isabellelegeron.com：

**alicefeiring.com**（美國作家與記者）

**caulfieldmountain.blogspot.co.uk**（澳洲記者與作家）

**dinersjournal.blogs.nytimes.com/author/eric-asimov**（紐約時報記者與評論）

**glougueule.fr**（法國記者與行動主義者）

**ithaka-journal.net**（生態與葡萄酒——當中有 Hans-Peter Schmidt 的文章）

**jimsloire.blogspot.co.uk**（英國部落客專門撰寫調查性的報導）

**louisdressner.com**（美國進口商）

**montysbiodynamicwineguide.com**（英國自然動力法顧問與作者）

**saignee.wordpress.com**（部落客）

**vinosambiz.blogspot.co.uk**（西班牙自然酒生產者與部落客）

**wineanorak.com**（英國作家與部落客）

**winemadenaturally.com**（英國記者）

**wineterroirs.com**（法國部落克與攝影師）

**capteurs-de-nature.com/Z/Mythopia/index.html**（Patrick Rey 的 Mythopia Series 葡萄園攝影系列）

上圖與對頁：
法國隆格多克 Domaine Léon Barral 正在將葡萄下壓。這是為
了確保葡萄皮層（由所有葡萄固體物質所組成）可以浸在酒
液中，在發酵過程中持續與葡萄汁接觸。

# 索引

# 致謝

## 作者致謝

首先，要對Cindy Richards與原書出版社CICO的團隊至上大大的感謝，謝謝它們給我寫這本書的機會。謝謝你們付出堅忍的耐心與刻苦不懈（尤其是 Penny Craig、Caroline West、Sally Powell 與 Geoff Borin 花了大把等待的時間）。也感謝Matt Fry開了門，還有Gavin Kingcome 美好的照片。特別感謝 Dr. Laurence Bugeon 與 Fränze Progatzky 提供讓我驚奇的顯微樣本，謝謝 Marie Andreani 花費眾多時間協助膳寫記錄各個訪談，以及好幾個月見不到我人影的朋友與家人。最重要的，謝謝所有與我分享想法、智慧與故事的你們。甚至幫我確認部分稿子或分享照片。還要大力感謝 Hans-Peter Schmidt 提供無價的時間與知識。

最後，謝謝我的夥伴Deborah Lambert，沒有你這本書不會誕生。謝謝你幫忙梳理我雜亂無序的想法，並讓它們看起來不會那麼法國！

## 原書出版社致謝

感謝以下名單中的各位，謝謝你們為本書提供葡萄園、酒吧與餐廳拍攝：

**法國：** Alain Castex and Ghislaine Magnier (Le Casot des Mailloles), Anne-Marie and Pierre Lavaysse (Le Petit Domaine de Gimios), Antony Tortul (La Sorga), Didier Barral (Domaine Léon Barral), Gilles and Catherine Vergé, Jean Delobre (La Ferme des Sept Lunes), Jean-Luc Chossart and Isabelle Jolly (Domaine Jolly Ferriol), Julien Sunier, Mathieu Lapierre (Domaine Marcel Lapierre), Pas Comme Les Autres, Romain Marguerite (Via del Vi), Tom and Nathalie Lubbe (Domaine Matassa), Yann Durieux (Recrue des Sens).

**義大利與斯洛維尼亞：** Aleks and Simona Klinec (Kmetija Klinec), Angiolino Maule (La Biancara), Daniele Piccinin (Azienda Agricola Piccinin Daniele), Stanko, Suzana, and Saša Radikon (Radikon).

**美國加州：** Chris Brockway (Broc Cellars), Darek Trowbridge (Old World Winery), Kevin and Jennifer Kelley (Salinia Wine Company), Lisa Costa and D.C. Looney (The Punchdown), Phillip Hart and Mary Morwood-Hart (AmByth Estate), Tony Coturri (Coturri Winery), Tracy and Jared Brandt (Donkey & Goat)

感謝以下名單中的各位，謝謝你們為本書提供照片（t =上、b =下、c =中間、r =右、l =左）：

Antidote: 124tr; Casa Raia: 93b; Château La Baronne: 29t; Frank Cornelissen: 37; Costadilà: 138; Coulée de Serrant: 42, 44–45 (both); Domaine de Fontedicto: 106–107 (both); Domaine Henri Milan: 69; Elliot's: 124tl; Hibiscus: 125; ; Nicolas Joly: 42, 44–45 (both); Anna Krzywoszynska (c/o La Biancara): 62; Isabelle Legeron MW: 26tr, 29bl, 33, 35, 37, 43, 47 (both), 79, 82, 88–89 (both), 92b, 96–97, 101, 104 (both), 105, 108–109, 110, 111, 114, 117, 118, 122, 123, 140, 147r, 158, 168, 169, 180r, 184, 186, 203; Le Soula: 167; Matassa (Tom Lubbe and Craig Hawkins): 25; Noma: 124b; Patrick Rey (at Mythopia): 16, 30–31 (all), 32, 98, 189; Strohmeier: 34; Weingut Werlitsch: 26b, 155

## 作者簡介

### 伊莎貝爾‧雷爵宏（Isabelle Legeron MW）

伊莎貝爾是法國第一位榮獲葡萄酒大師（MW）頭銜的女性，也是巴黎2009年年度葡萄酒風雲人物。她不僅在旅遊頻道（Travel Channel）設有自己的節目，每年於倫敦舉辦自然酒展 RAW，同時也是多間知名餐廳的葡萄酒顧問。伊莎貝爾為《酒訊》（Decanter）雜誌撰寫文章，也籌辦與自然酒相關的研討會與品酒會，為推廣自然酒概念不遺餘力。目前定居於倫敦。更多有關伊莎貝爾的資訊，請見網站 www.isabellelegeron.com。

## 譯者簡介

### 王琪

大學唸英文系，研究所唸行銷，擁有多年媒體公關經驗。在擔任法國食品協會專案經理時期接觸葡萄酒，2005年移居倫敦後為《品醇客》（Decanter）葡萄酒雜誌中文版擔任翻譯，2016年取得 Wine & Spirits Education Trust（WSET）L4 Diploma。翻譯之餘，現亦為台灣酒訊雜誌歐洲特派員、英國網站葡萄酒編輯、倫敦酒之城葡萄酒講師。熱衷於研究有機農耕與自然動力種植法，也把倫敦自家後花園當做「實驗葡萄園」；夢想有朝一日成為有機酒農。

### 潘芸芝（艾蜜‧Emily）

信奉文字書寫、美食美酒與古典樂。研究所主攻英美文學，畢業兩年不到，便一頭栽進葡萄酒的花花世界。曾於國內外專業葡萄酒雜誌擔任多年文字記者、編輯與翻譯，目前攻讀WSET Diploma認證，並為專職口筆譯。